ALPS水・海洋排水の12のウソ

鳥賀陽弘道 Hiromichi Ugaya

三和書籍

はじめに

みなさんこんばんは。烏賀陽《うがや》弘道です。フリーランスの報道記者をやっております。福島第一原発事故を発生当日から12年間取材し続けている、今では日本で2～3人にまで減った記者の1人です。

本書は、私がYouTubeで公開した「ALPS水・海洋排水に関する12の誤りを指摘する」で話した内容を書き起こし、加筆して改稿したものです。動画とは12項目の順番を入れ替えてあります。補足取材をして、加筆もしました。動画よりこちらの単行本のほうがより詳しくなっています。一方、話し言葉と書き言葉が混じる箇所があります。ご海容ください。

この動画を録画したのは2023年の8月25日。公開したのは翌26日未明でした。

皆さん報道などでご存知の通り、同年8月24日から、福島第一原発から出た、いわゆる「ALPS処理水」の海洋放出が始まりました。

私は本書では「ALPS水」「海洋排水」という用語を使います。ALPSとは正式には「多核種除去設備」のことです。

はじめに

検討小委員会はなぜか「自然蒸発」「海洋放出」しか選択肢を残していない。
コンクリート固化は最初から選択肢から外されている。
2023.8.26　福島第一原発　ALPS水・海洋排水に関する12の誤りを指摘する
Hiro Ugaya　烏賀陽弘道
17.7K subscribers
Analytics
Edit video
8.6K
Share
Download
Save

筆者の YouTube 動画
「福島第一原発　ＡＬＰＳ水・海洋排水に関する 12 の誤りを指摘する」2023 年 8 月 26 日公開

「海洋放出」か「海洋投棄」か、「処理水」か「汚染水」かという用語を巡って、政府は頑なに「処理水」という言葉を死守しています。

ＡＬＰＳ水を（うっかり？）「汚染水」と言ってしまった野村哲郎・農林水産大臣は、岸田文雄総理に「撤回と全面的な謝罪」を指示され、その通りにしました（２０２３年９月１日）。原発の監督官庁である経産省の西村康稔大臣は「ＡＬＰＳで処理した水だから、処理水と呼ぶのが正しい」「汚染水と呼ぶのはフェイク」（同９月８日の衆院連合審査会での日本維新の会議員の質問に答えて）とまで言っています。

ある集団を「われわれ」と「彼ら」に二分し「われわれは正しく、彼らは誤っている」と形容するのはプロパガンダの初歩です。そのときに「どんな言葉を使っているか」によって「われわれ」「彼ら」を区別する手法が使われます。ここでは「処理水」vs「汚染水」が「われわれ」と「彼ら」の目印になっています。敵味方を識別するための「ラベリング」と考えると、この政府の「処理水」という言葉への固執ぶりは理解しやすいと思います。

私はどちらにも与《くみ》しませんので、中間的な言い方として「ＡＬＰＳ水」という言い方をします。

福島第一原発には、２５００度前後の高熱でメルトダウンし、溶け落ちた核燃料のデブリ・合計８８０トンがたまっている原子炉が３つあります。核燃料は溶け落ちて、通路や手すりの鉄、脚立などのアルミニウム、被膜のジルコニウム、果ては基底部のコンクリートや電線の銅まで溶かして巻き込んだため、組成や形状すらわからない物質になっています。

このデブリは、12年後の今も崩壊熱を放っています。水をかけて冷やさないとまたメルトダウンが進みます。さらに、地震で壊れた原子炉の基底部地下壁に地下水や雨水が流れ込むため、核物質に触れた「汚染水」が毎日出ます。

デブリは未だに成分すらわからない核物質ですが、ウランやプルトニウムを含み、近寄ると人間が死んでしまうような高線量の放射線を放っていることだけはわかっています。

遠隔操作のロボットで採取した「歯ブラシでこすった程度の」サンプルしかありません。880トンというと、4〜5階建ての中規模マンション相当の重さです。その表面をこすっただけ。内側はどんな成分、どんな組成かわからない。

この高線量の核デブリに触れた水が排水されて、ALPSを通過します。ALPSは「Advanced Liquid Processing System」の略。大雑把に言ってしまうと、吸着剤フィルターのタンクです。冷蔵庫の脱臭剤の親玉みたいなもの。この装置を通過した水を政府・東電は「処理水」という言葉で呼んでいます。

「ALPS処理水」というと「ALPSによって問題が処理され解決した水」というニュアンスが強まります。

「ニューヨーク・タイムズ」「ワシントン・ポスト」「BBC」など主力英語メディアは"Treated Radioactive Water"（放射線を放つ水を処理したもの）と、もっとダイレクトな言葉を使います。それに比べれば私の用語（ALPS水）は穏健で中間的です。

それを海洋に放出するということなので、これは投棄、つまり無価値な廃棄物を捨てることに等しいのではないかと思いましたので、動画では「投棄」という表現をしました。が、本書に書き起こすにあたって、さらに中間的な「海洋排水」という表現にしました。略する場合は「ＡＬＰＳ海洋排水」「ＡＬＰＳ水排水」とします。

なぜ動画「ＡＬＰＳ水排水に関する12の誤り」をYouTubeで公開しようと思ったのか。それは政府の主張する内容に、あまりにも誤りや隠蔽、ごまかしが多いからです。

２０２３年8月24日、ＡＬＰＳ水の海洋排水が始まったとたん、岸田文雄総理、与党自民党国会議員、東京電力および外務省、経産省など省庁から、大量のプロパガンダが流れてきました。

私が観察していたのは主にTwitter（現：X）ですが、その量・質とも、過去12年間で最高でした。事故発生初年に匹敵しました。政府がいかにプロパガンダに力を入れているか、逆にいうと世論に敏感になっているのかがわかります。

そして世論の沸騰ぶりにも、私はびっくりしました。その直前まで、福島第一原発事故のことなど世間はすっかり忘れていたからです。新聞・テレビのニュースにすら、ほとんどならない。取材の成果を出版社に提案しても「もう世間は忘れていますから」と断られ続け、本を出版することすら難しくなって10年近く経っていたのに。なんとまあ、世間様は忘れていなかったんだなあと、逆にウレシクなるような大騒ぎです。

（注：私は『プロパガンダ』をネガティブな言葉としては使っていません。『多数を説得し、自らの主張に望ましい方向に誘導する情報発信』という'Propaganda'の中立的な原義に従っています。これは稿を改め詳しく書くつもりです）

私は、福島第一原発を２０１１年3月11日の事故発生当初から取材し続けています。原発事故被害地への取材は百回を超えたでしょう。

そんな日本でも数えるほどしかいない記者の1人として、彼らの言っていることのウソ、あるいは「ディスインフォメーション」と思われるものが、ひとつひとつよくわかります。海洋排水のニュースが流れる8月24日、私は政府や東電などの流す情報を見ながら、12の疑問点をノートに書き出しました。それをビデオカメラの前で話して、YouTubeで公開しました。

根拠を詳しくお知りになりたい方は、『福島第一原発　メルトダウンまでの50年』『福島第一原発事故　10年の現実』（ともに悠人書院）という私の本をご覧になってください。

「ディスインフォメーション」（Disinformation）は「意図的に流される虚偽の情報」という意味です。

「ミスインフォメーション」（Misinformation）は「うっかり」「事故で」流した虚偽、誤りを指します。

当該の動画は、この政府や国会議員、東京電力、福島県が流している虚偽の情報があまりにひどいので、指摘して皆さんにこれをお伝えしようと作りました。

ひとつひとつを精査すると、明らかに意図的な「ディスインフォメーション」が多数ある一方「ディスインフォメーション」（わざと）か「ミスインフォメーション」（うっかり）か判然としないものもあります。政府はまた「ウソは言っていない。しかし本当のことも言っていない」というレトリックもよく使います。これも政府がよく使う誤導的な（Misleading＝情報を受け取る人を混乱させ、誤解に誘導する）話法として指摘していこうと思います。

普段の私は、こういったYouTubeでのコメンタリー番組はライブで流しています。が、今回はビデオに録画してから公開することにしました。

目的は以下の通りです。①こうした政府・自民党や福島県が流している虚偽情報の実例をひとつひとつ挙げる。②なぜそれは虚偽なのか、誤りなのか、エビデンスを提示する。

そのため、あえてライブはやめて、私のコメントを録画し、途中にエビデンスとなる政府・東電のツイートや図表を挿入し、注釈をテロップで入れました。そういう編集作業のうえ放送しました。

原典の動画のURLを示しておきます。YouTubeで「ugaya」で検索してもすぐ出ます。

日本語版：https://youtu.be/Q4199GGE20U?si=7fM2ALYfrS6UcrH6

英語版：https://youtu.be/zPYyWS16lbc?si=x3L3ZnsFjsKV0f4y

公開したあとの反響はすさまじかった。私は「あまりに誤りやウソが多いから、話して録画しておこう。備忘録にもなるし、シェアしたら、何かみなさんの役に立つかもしれない」という程度の、軽い気持ちでした。

ところが「こんなことは初めて知った」という声がメールやSNSメッセンジャーで多数届いたのです。

そんな調子で、同年8月26日に公開するや、3日間で7万6千回再生され、話題騒然になりました。1か月後には17万回を超えました。

同時に嫌がらせのツイートやメールが殺到し始めました。

嫌がらせの類は職業がらよくありますので、気にならないのですが、今回は量・質ともすさまじかった。原発事故の取材を始めて12年で、これほど嫌がらせが多いのは、発生初年以来です。

当時は「メルトダウンしているのか・していないのか」（実際はしていた）「放射性物質は原子炉から漏れ出しているのか・いないのか」（実際は漏れ出ていた）などをめぐって、世論を二分する喧々囂々の応酬が続いていました。少しでもリスクを警告すると「パニックを煽るな」「事故を大げさに言って騒いでいる」「福島の人を差別している」「避難者を苦しめている」と石つぶてのような言葉が飛んできたものです（当時私が警告したリスクは後にすべて現実になりました）。今回のＡＬＰＳ水排水をめぐる騒動で、12年ぶりに発生当初の世論の沸騰ぶりを思い出しました。

公開2日後には、なんと私のツイッターアカウント（@hirougaya）が「規則に違反している」と通告が来て、凍結されてしまいました。発信ができません。

その理由として「以下のツイートが個人情報を公開しているから」と運営側から連絡がありました。ところが、どこをどう読んでも個人情報の開示などありません。2年前の「1

ツイート 1/1
個人情報の投稿を禁止するルールに違反しています。
明確な同意と許可がない限り、他の人の個人情報を公開または投稿することはできません。

烏賀陽　弘道
@hirougaya
8月7日付放送でも「一月万冊」は今一生さんの事業への代金を清水有高さんの個人口座に振り込めと呼びかけています。なぜ今さんの事業なら今さんの銀行口座を公開して、そこを窓口に受付けないのでしょうか。 https://t.co/kP98UoWXXa
2021年8月11日 午後10:28

[削除] をクリックすると、ツイートとそのすべての編集バージョンの内容が削除され、この違反に異議を唱えることはできなくなります。元の内容は、Twitterルールに違反しているためにツイートを表示できないことを示すメッセージに置き換えられます。このメッセージは、該当コンテンツにURLかプロフィールのタイムラインからアクセスした場合に14日間表示されます。詳細はこちら。

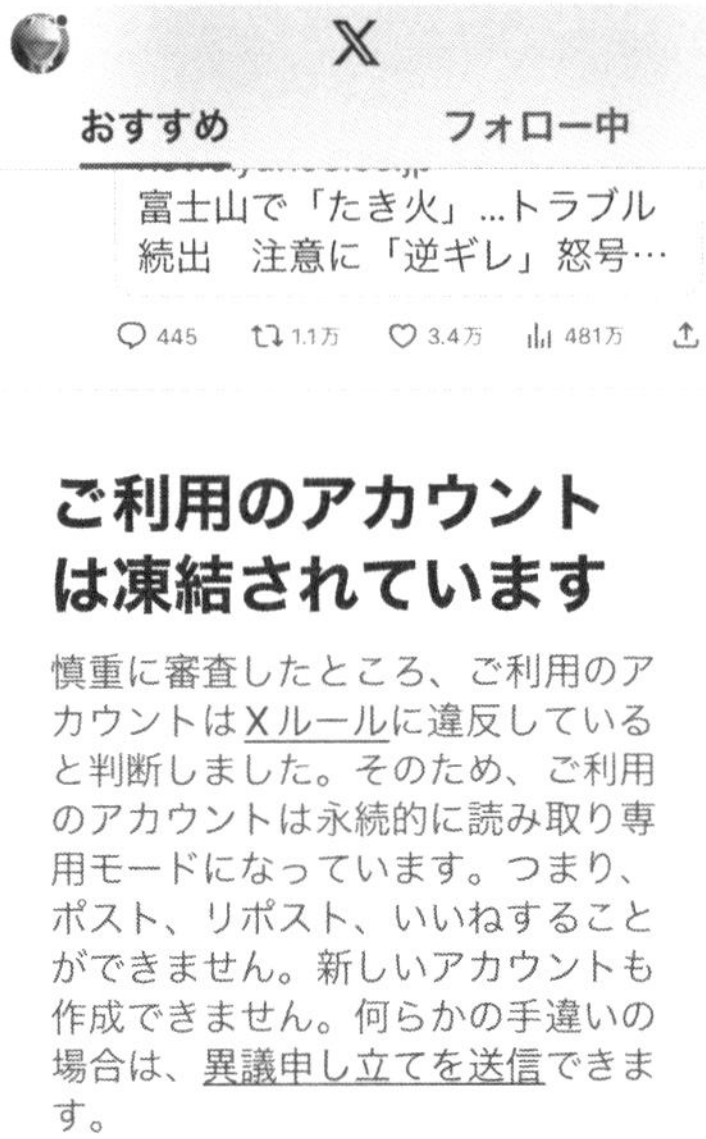
X
おすすめ　フォロー中
富士山で「たき火」…トラブル続出　注意に「逆ギレ」怒号…
445　1.1万　3.4万　481万

ご利用のアカウントは凍結されています
慎重に審査したところ、ご利用のアカウントはXルールに違反していると判断しました。そのため、ご利用のアカウントは永続的に読み取り専用モードになっています。つまり、ポスト、リポスト、いいねすることができません。新しいアカウントも作成できません。何らかの手違いの場合は、異議申し立てを送信できます。

筆者のTwitter（X）アカウントが
動画投稿２日後に凍結された

月万冊」というYouTube番組に関する投稿が、なぜか掘り起こされて、理由不明のままツイッターが使えなくなってしまいました。

私は、自分でメディアを持たないフリーランス記者です。また、1日に平均百ツイートを発信するヘビーユーザーです。非常に困りました。3万5千人いたフォロワーもゼロにされた。2023年9月22日現在、依然凍結されたままです。

ツイッターの仕組みを知る人に聞いてみたら、同じ投稿に多数の「規則違反通報」が集まると、内容にかかわらず「有罪」と判断されて凍結されてしまうのだそうです。動画の公開からわずか2日です。

しかも排水開始からきっちり10日後の9月4日には、潮が引くように嫌がらせがなくなりました。なにやら「組織票」が動いたのだろうと私は邪推しています。

これはれっきとした言論妨害です。法的措置を考えています。

幸いなことに、私はこういう事態に備えてもうひとつのアカウント（@ugaya）を用意してありましたので、発信は続けています。新アカウントには1週間経たないうちに1万以上のフォロワーがつきました。

一方、動画は約17万回再生されました（9月17日現在）。自分で英語で話す英語版も1万7千回再生されています（同）。そのため海外メディアからの取材申し込みも多数来ています。

閑話休題。まとめますと、いまALPS水排水に関連して政府や自民党、東京電力、福島県庁が流している情報には大きくわけて「12のウソ」が入っています。「政策ミス」「判断ミス」も含みます。「ウソ」という言葉が、語感が強過ぎるようでしたら「ディスインフォメーション」でもいいですし「ミスインフォメーション」でもいい。その「12のウソと誤り」をひとつずつ挙げていきたいと思います。

目次

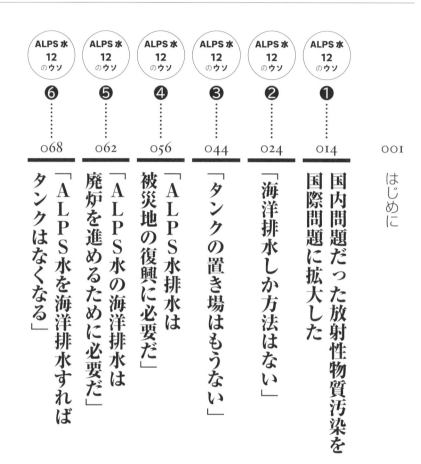

contents

波形模様　shutterstock

ALPS水
Advanced Liquid Processing System
12のウソ

❶ 国内問題だった放射性物質汚染を国際問題に拡大した

まずひとつめ。これはウソというより「政策の誤り」です。

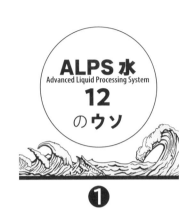

福島第一原発から出た、このＡＬＰＳ水。これを陸上処理するのではなく、海洋に放出することは、これは国際政治上、最悪の選択です。どう考えても正当化できない。

ＡＬＰＳ水の中身がトリチウムだけだとか、その他の放射性物質が政府の基準以下だとか、そういった「ＡＬＰＳで処理した水の中身」の議論をすべて横に置いておきましょう。

それでもなお、国際政治上、ＡＬＰＳ水の海洋排水は、最悪の悪手であることをまず強調したいと思います。

なぜかというと、海洋というのは「海洋法」つまり国際法によって「世界の国の共有財産」ということになっているからです。世界のすべての国のものであり、特定の誰かのものではないという取り決めになっています。

しかし、それでは実務上の不便が出るので、岸から12海里（約22キロメートル）だけ「領海」にしておきましょう。沿岸国の主権が及ぶようにしておきましょう。そう決めたわけです。そういう狭いところだけは、その国の主権を認める、つまり陸地の延長として沿岸国の法律の行使を認める。けれど、それ以外の外側は、すべてパブリックなものであるということです。これを「オープン・シー（open sea）」＝「公海」といいます。文字通り、パブリックの海という意味です。公海は、いかなる国も領有を主張することはできません。公海を航行する場合、沿岸国の許可はいりません。「自由航行の原則（free navigation）」と言います。

この海に、福島第一原発からＡＬＰＳ水を放出するということは、公共財産に対して廃棄物を捨てるということです。ですから、世界のすべての国が、これに対して意見を表明する権利を持っています。

これまでは、福島第一原発事故の放射性物質汚染によって発生する問題は、すべて「日本国内」にとどまっていました。福島第一原発から出たセシウムが栃木県、静岡県、新潟県や千葉県でも検出されたとか、ヨウ素が東京都の金町浄水場から検出されたとか、まあいろいろなニュースが報道されたのをご記憶かと思います。しかし、それらの汚染問題はすべて「日本国内」にとどまっていました。

ところが、日本政府はこれを海洋に放出することで、わざわざ福島第一原発の放射性物質汚染を国際問題にしてしまった。つまり、世界のすべての国が、この海に対する放出に関して意見を言う権利を持つ。公共財産ですから。そういう事態になってしまった。

尾籠な例えで恐縮ですが、あえて言えば「うちの息子のフクイチくんが、下痢になって家の中でウンコを漏らしました」「ウンコを水で薄めておきましたので、小学校の校庭に捨てました」っていうような話なんです。あるいは道路とか、公園とか、子供の遊び場とか区役所とか公民館とか。そういう公共スペースに捨ててます。いいですよね？　当家では清潔だと思っておりますので。というような話です。

これは、社会常識としてあり得ない。国際法以前にモラルの問題です。「お前んとこの息子がお漏らししちゃったんだから、お前の家の中で始末しろ」「自宅のトイレに流せ」と、あなたなら言いませんか？

ところがなぜか日本政府は、それを公共空間に捨て、国際問題化した。海洋という公共の場に捨てるという選択をしたんです。

これによってどういうことが起こったかというと、福島第一原発の「クライシスレベル」が上がったんです。これまで国内問題であった問題をわざわざ国際問題化するということは、福島第一原発事故というもののクライシスレベルがひとつ上がったということなんです。クライシスレベルが10段階あるとしたら、これまではおそらく「5」ぐらいだったと思うんです。けれども、それから「6」とか「7」に上がった。

つまり「より事態を悪くした」ということです。福島第一原発事故の解決が、またより一層遠くなった。これは「危機管理」として最悪と言わざるを得ない。

しかも、日本政府がよりによって海洋排水を「選択した」というところが致命的なんです。「やむを得ず」ではない。後述しますが、海洋排水をしない選択肢はいくらでもあった。日本政府は自らの意思によって、放射性物質汚染を国際問題化させ、福島第一原発事故のクライシスレベルを上げてしまった。

なぜ福島第一原発事故の解決がまたより一層遠くなったのか。それは他の「主権国家」を原発事故という問題に巻き込んだからです。なぜ他の主権国家を巻き込むと解決が遠のくのかは後述します。

ひごろ日本に敵対的な国の政府なら、これを利用しない手はありません。「自らの意思によって国際問題化させた」のですから、攻撃材料としては最高です。補償という名目でお金を要求するかもしれない。ALPS水問題とはまったく別の経済・政治問題の交渉で、取引材料に使うかもしれません。排水は30年続くそうですので、いつでも好きなときに襲いかかることができます。

あにはからんや、早速中国と香港（イギリスから返還後は中国の一部です）が共同歩調を取って、日本からの水産品の輸入を禁止するという措置をとりました。これは大変なことです。なぜかと言いますと、こんにちの日本は、中国に一番水産物を買ってもらっています。第一のお客さんなんです。それと香港を合わせますと、その金額は年間約1700億円。これは日本の水産物の輸出総額の約42パーセントを占めています。つまり4割近くがぶっ飛んでしまったわけです。中国を上顧客とする北海道の高級帆立貝漁業者は、さっそく売上が激減しているという話を聞きます。

これは「ALPS水を海洋排水する」という日本政府自らの意思によって「因果」の「原因」を作ってしまった。中国という外国が、日本に外交的な制裁措置をとるという「突っ込む隙」を与えてしまったわけです。ここでは「中国政府の措置が、正しいのか間違っているのか」という議論は置いておきます。置いておきますが、ここで中国という敵対的な国が、制裁措置をとり、しかもそれは国際的に批判されない（チベットやウイグルの人権問題のように）という好機の原因を作ってしまったというのは、明らかに日本政府のミスです。

さらに困難なことは「主権国家はそれぞれ違う法律や規制を決める権利を持つ」という国際法上の現実です。「それぞれ独自の法律を作ることができる」ことは、主権国家の最高の権利のひとつです。反対にいうと、日本政府が声を枯らして「ALPS水は安全です」と百万回叫んでも、他の主権国家にとっては「日本がそう言っているだけ」にすぎません。他国の法律や規制に、ほかの主権国家が従う、同意する必要も義務もないのです（それが必要なときは『条約』という形で合意を明文化・契約化します）。

「コレコレはサイエンスで証明されている」と日本政府が主張しても、他の主権国家はサイエンスに従う義務すらありません。それは国ごとの自由なのです。

ちがう主権国家はちがう法律や規制を持ちますから「ALPS水は安全である」と日本がいくら主張しても、世界にはそれに同意しない国がたくさん出ても不自然ではありません。さらに、一国の法律や規制が及ぶのはあくまでその領土の範囲内だけです。他の主権国家にとって他国の法律や規制は関係のないものなのです。

身も蓋もなく言ってしまえば、福島第一原発事故からのALPS水を海洋排水することで、中国はじめ世界の国を政治的に（『環境的に』ではない）わざわざ巻き込んだということになります。しかも日本の法律や規制を「他国のもの」として無視してしまえる主権国家を巻き込んだ。つまり解決が難しくなった。

これを国際政治上、最悪の悪手と言わずに何と言えば良いのでしょう。

中国に限らず、日本と外交上を何らかの取引をしたいと思っている国は、この問題を利用しない選択肢はないと思います。国連に持ち出されるかもしれません。国際海事裁判所に提訴される可能性もあります。

これは私の空想ではありません。2001年10月、アイルランドが対岸のイギリス・セラフィールドのMOX（ウランとプルトニウムの混合燃料）工場の操業の差し止めを求めて、仲裁裁判所にイギリスを提訴した例があります（注：国連海洋法条約では、海洋をめぐる国家間の紛争は国際司法裁判所、国際海事裁判所、仲裁裁判所、特別仲裁裁判所に委ねることができます）。結局この紛争はEUの司法裁判所に土俵を移しました。当時はまだセラフィールドの操業が始まっていなかったため「実害が発生していない」という理由でアイルランドの訴えは退けられます。一方、仲裁裁判所段階では「排水の安全性を担保するために両国が話し合う」ことが求められています。

少なくとも中国は、日本政府が海洋放出を中止、あるいはいったんやめるまで、何らかの制裁措置をやめないと思います。あるいは何か取引を持ちかけると思います。CO_2削減をめぐって欧米日が中国に譲歩を迫ったら（中国は世界最大のCO_2排出国です）、向こうは「君たち西側諸国のほうがよほど環境を破壊している。日本を見よ」と反論してくるかもしれません。

もうひとつの難題。国際政治には「国際政治の現実を動かすのは『事実』ではなく『認識』である」という大原則があります（拙著『世界標準の戦争と平和』悠人書院＝参照）。

例えばの話。太平洋の沿岸国で採れた海産物から、福島第一原発由来の放射性物質が検出されたとします。その国の消費者はパニックを起こすでしょう。買い控えが起こり、漁業者は経済的打撃を受けるかもしれません。その時に日本政府なり東電なりが「安全です」と説いても、その国の消費者がその主張を信じるかどうか、わかりません。国際環境保護NPOも動き出すでしょう。日本政府はそこまで世界各国で信用されているのか、現実に事件が起こってみないとわからないのです。

ここで「国際政治の現実を動かすのは『事実』ではなく『認識』である」と最初に強調したのは「日本政府の主張が事実あるいは科学として正しい」と仮定したとしても、相手国の政府、消費者が、それを聞いて納得し、理性的に行動するとは限らないからです。

残念ながら、現実として、大衆は理性より感情で動くものです。食品中の放射性物質などを初めて目にする国民に、「パニックを起こすな」と期待するのはかなり無理な話です。その国の政府が日本政府を信用して、自国民の説得に当たってくれれば、それはまだ幸運。政府間交渉として、補償を求められる可能性だって否定できません。

ALPS水排水は、政治・外交問題化し、長期化すると思います。いつ、どこの国で福島第一原発由来の放射性物質が検出されるか、予想がつかないからです。

東日本大震災で流出した瓦礫がカナダやアメリカ西岸に到達するのに、1~2年かかりました。後に述べる生物濃縮が起こるのか、起こるとすればどれぐらいの年月で起こるのか、どこで発見されるのか、予想ができません。マグロのように、生涯をかけて回遊する魚類が太平洋には多数いるからです。

これが第1のウソといいますか「誤り」です。もちろん、日本政府は自分で「汚染を国際問題化しました」とは言いません。そして残念ながら、新聞・テレビといった日本の主流マスコミは、この事実を指摘する意思も能力もすでにありません。

日本政府が打った悪手、最悪の悪手です。おそらく日本政府が犯した、大日本帝国の敗戦以来の、国際政治上最大のミスになるのではないかと私は懸念しています。もちろん、私が描くシナリオが実現しないことを天に祈っているのですが……。

付言しますと、私がビデオを作ろうと思った動機のひとつがこれです。

私はこれが「日本政府が犯した歴史的な大ミス」だと理解できます。しかし政府は自分のミスを自分で「失敗でした」とは言いません。将来も認めないでしょう。政府に追従している主流マスコミも、読者視聴者に言いません。国民は知らないままに放置されます。

それなら、気づいた私が言うほかないのです。そして皆さんにも私の意見をシェアしたい。日本政府や自民党、福島県庁、御用学者たちのプロパガンダに騙されない。そんな「メディアリテラシー」を身につけてほしいと願っています。「カウンター・プロパガンダ・リテラシー」と言ってもいいでしょう。

本当は……

汚染を国際問題にすべきではなかった

ALPS水
Advanced Liquid Processing System
12のウソ

❷ 「海洋排水しか処理方法はない」

そして二つ目のウソです。この福島第一原発の汚染水、燃料棒にかけて冷却した後の水を処理する方法は「海洋排水以外になかった」というウソです。つまり、「選択肢はなかったのだから、海洋排水はやむを得なかった」というのはウソです。

どういうことかといいますと、海に捨てなくても「ＡＬＰＳ水」を陸上で処理し、保管する方法は、少なくとも二つありました。

ひとつは「自然蒸発」。これはアメリカのスリーマイル島（Three Mile Island　以下、ＴＭＩ）原発事故で出た汚染水の処理で、実際に行われた方法です。

１９７９年に起こったＴＭＩ原発事故では、９千トンの汚染水を「自然蒸発」させました（ボイラーも併用）。この方法では、まず水を蒸発させます。そうすると、底に放射性物質のヘドロが溜まるんですよ。それだけを別のタンクに移し替えて、固形化し、高レベル廃棄物として毒性が消えるまで人間から隔離して保存するという方法です（日本では『最終処分』という言い方をします）。

このヘドロは東海岸のペンシルバニア州にある同原発から西海岸ワシントン州にある「ハンフォード・サイト」まで運ばれて保管されています。ですから自然蒸発という手があったんですね。

「いやいや、福島第一原発では、もっと大量の汚染水が出るから、自然蒸発なんて悠長なことはできないんだ」という反論があります。しかし、そんなことはない。

だって、福島第一原発事故の発生から12年経っているんです。その間に乾燥させられるものは乾燥させておけばよかったんですよ。今になってタンクがいっぱいになったと言っているのは、その方法があることを忘れていた、あるいは開始が遅れたということですよね。自然蒸発を始めておけば、少しでも体積を減らせるということをやらなかった。事故の発生から十分な汚染水対策をしてこなかったということです。

ちなみに、原発の監督官庁である経済産業省が原子力工学者のタスクフォースをつくって、

川の中洲にあるスリーマイル島原発。左が事故を起こした原子炉（2012年11月、烏賀陽撮影）

汚染水の処理を検討し始めたのは、事故発生から2年9か月後の２０１３年12月です。３年近く、何もしていない。事故発生当初から、崩壊熱は数十年出続け、それを冷却する汚染水が出ることはわかりきったことでした。しかし約3年、対策の検討すらしなかった。そもそもスタートが遅すぎるのです。

ちなみにＴＭＩ原発は「サスケハナ川」という河川の中洲にあります。アメリカやロシアなどでは、河川の水量が多いので、河川から十分な量の冷却水が取れます。日本はそういう水量の大きな川がありませんから、海から冷却水を取ります。日本の原発がすべて海岸にあるのは、こうした理由があります。

このサスケハナ川に汚染水を流したらどうでしょうか。つまり、こんにち日本政府がやっているような海洋排水にあたる、河川排水というのが検討されました。しかしそれは許されなかった。

なぜかというと、下流が汚染されるからです。下流にそういう生活上、また経済的な打撃を与えてしまう。

具体的には、TMI原発の下流を上水道の取水源としているランカスター市が、電力会社を相手取って排水差し止めの訴訟を裁判所に起こしました。裁判は和解で終結しましたが、そこで電力会社は「国や州の定める安全基準を満たしていても、TMI原発由来の排水は一切流さない」ことを約束したのです。

実はTMI原発事故でも、日本のALPSに該当する「EPICOR」という放射性物質の除去装置が使われました。そして汚染水は州や国の基準以下に「処理」されました。ここまでは福島第一原発と同じです。

しかし、それでもTMIの電力会社は河川排水をしなかったのです。

わざわざ封じ込めた放射性物質が、川に捨てることによって、環境中に拡散してしまうからです。わかりますよね。それはやってはならない。ということで、自然蒸発という方法を採ったんです。

反対に、今回、日本政府がやっている「海洋にALPS水を排水する」という方法は「いったん閉じ込めた、封じ込めた放射性物質をもう一度環境にばらまく」ということをやるわけです。

原子力発電所事故の際の防護の鉄則は、①核分裂反応を「止める」②核燃料を「冷やす」③放射性物質を「閉じ込める」です。

ALPS水の海洋排水は、明白に③に反しています。TMIではそれを守った。福島第一原発事故は守らなかった。

実は、福島第一原発事故後の政策で、日本政府はこの「閉じ込める」原則に反する政策を、すでにいくつか実行しています。原発直近の高濃度の汚染地帯を、道路だけ・線路だけ除染して、国道6号やJR常磐線を開通させ、車両や列車を自由に往来させています。現実にこの選択は、放射性物質を拡散させています（エビデンスは拙著『福島第一原発事故10年の現実』参照）。ALPS水排水は、その「ルール違反」のダメ押しのような形になりました。汚染を国際問題化したぶん、国道やJRより悪手であることは言を俟ちません。

話を戻します。海洋排水以外の陸上処理の選択肢は何があったのでしょう。

二つ目の方法は、汚染水にセメントを流し込んで、固体にしてしまうという方法です。この方法は「モルタル化」あるいは「コンクリート固化」と呼ばれています。コンクリートって、セメントに水を流し込んで固化させますよね。同じように、汚染水にセメント粉を投入して固体にしてしまえばいいじゃないか。そうしたら陸上に置いておけるでしょ。そんな方法です。

「自然蒸発」にせよ「コンクリート固化」にせよ、海洋に流しませんから、福島第一原発事故の汚染問題は、あくまで日本の陸上で収まっていた。つまり国内問題にとどまっていたはずです。つまり陸上で処理すれば、国際問題になって解決が難しくなるのを避けられた。

そもそも、TMI原発事故の例でもわかるように、こういう原発事故の汚染物質は、陸上で処理するのが原則なんです。海洋や河川に流したら「放射性物質は閉じ込める」という放射線防護の鉄則とは真逆（＝拡散する）になります。

日本政府はそれを破ったわけです。これも世界で初めてのことです。なにせ人類の歴史の中で原発事故は3回しか起こっていません。

1回目がTMI原発、2回目がチェルノブイリ、そして3回目が福島第一原発です。その3回のうち、「処理水」を海に流すということをやってのけたのは、福島第一原発が初めてです。TMI原発でもチェルノブイリでも、汚染水は陸上で処理されています(その代わりチェルノブイリでは、空気中から放射性降下物がドニエプル川や湖に降り注いで汚染が広がりました)。

つまり、今回の福島第一原発からのALPS水の海洋排水は「人類初の試み」です。茶化してはいけませんが、そういうことになります。

これは「環境中に放出したあとどうなるかは、経験値が存在しない」という前人未到の領域に入ることを意味します。

この二つ目の「コンクリート固化」がなぜ採用されなかったのか、私は不思議でしょうがない。

というのは、同じ福島第一原発事故の放射性廃棄物の焼却灰の処理に、このコンクリート固化が現実に使われているからです。セメントを流し込んで固体化するというプラントが、すでに稼動しているんです。

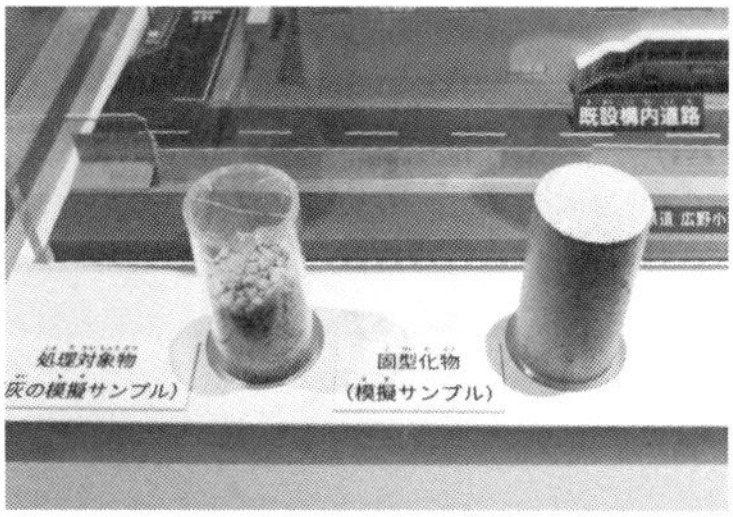

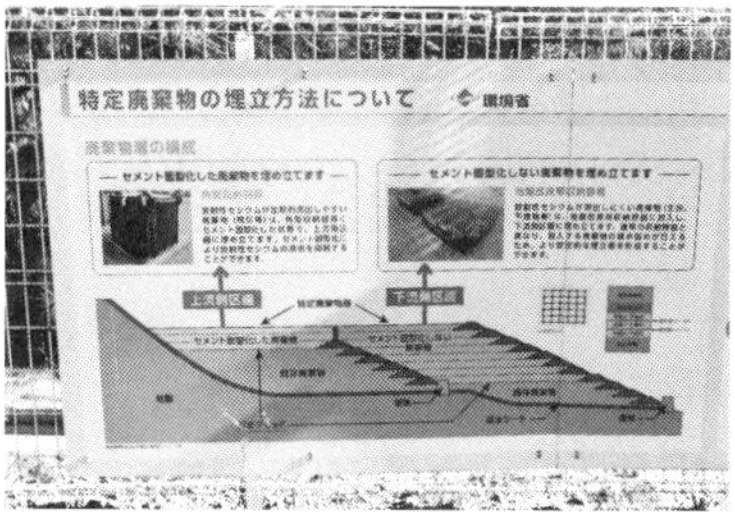

4点は福島県富岡町の『リプルンふくしま』。コンクリート固化した放射性廃棄物を埋め立てている。
2020年12月、烏賀陽撮影

これは言っても、みなさんなかなか信じてくれない。「そんなバカな」と思うからでしょう。ところが実際に被害地の現場に行くとすぐにわかります。福島第一原発から10キロメートルほど南に富岡町という町があります。そこに「(特定廃棄物埋立情報館) リプルンふくしま」という大変かわいらしい名前の施設があります。

そこは毎日、展示館で係員の方が懇切丁寧にコンクリート固化について解説してくれます。なんと、その固形化した廃棄物の埋め立て現場までガイドしてくれる。私も行きました。そしたらもう、なんのことはない。1立方メートルのコンクリートの塊に固めた、放射性廃棄物を毎日せっせと作って埋めている。本当ですよ。

それを埋めていくんですよね。それによって放射性廃棄物を保管しているんです。ここは最終処分場ですので、もうそこから動きません。そんな方法があるんですよ。

他ならぬ福島第一原発事故の処理で、すでにコンクリート固化のプラントを稼働して埋め立てをやっているんです。

なのに、なぜ、日本政府は汚染水処理にこの方法を採らなかったのか。

これはまったく謎です。ほんとうに不思議です。

海洋排水を決める実質的な選択肢を決めたのは、経産省の下で組織された「多核種除去設備等処理水の取り扱いに関する小委員会」です。「多核種除去設備」とはALPSのことですから以下「ALPS小委員会」と呼びましょう。

ここで最初の疑問符がつきます。経産省は日本のエネルギー供給の安定化を任務としています。その外局として資源エネルギー庁を持っています。

日本はエネルギー源（電力含む）の98パーセントを海外からの輸入に依存していますから、安定化のためには、経産省・資源エネルギー庁は「できる限り海外依存を減らしたい」という動機があります（かつては政情が不安定な中近東からの輸入依存を減らすという使命もありました）。火力発電の燃料である石油・石炭は輸入比率が高い。原発も、燃料であるウランは輸入しなくてはならない。が、石油・石炭よりは同じ重さ当たりで発するエネルギー量が桁違いに大きいので、エネルギー輸入が途絶えても（海上輸送路＝シーレーン＝ＳＬＯＣが途絶しても）しばらくは発電が持ちます。また「脱炭素化」という世界潮流にも原発は合致する（と経産省は主張している）。よって、経産省は福島第一原発事故後も原発推進または現状維持（あわせて再稼働）を方針として掲げています。そういう意味では経産省は原発政策の利害当事者です。

その経産省が人選したのが13委員からなるALPS小委員会です。

お断りしておきますが、エネルギー供給源を複数揃えるのは、国家のリスク分散として間違っていません。が、その原発を推進したい動機を持つ経産省が、同時に原発の安全監督（原子力安全・保安院＋原子力安全委員会）を兼ねていたため、監督が甘くなり、福島第一原発事故を招いたという経緯はご存知かと思います。

その反省から原発事故後「原子力規制委員会」という、経産省から独立して原発の指導監督にあたる組織が作られた（原子力安全・保安院＋原子力安全委員会の権限を合併。前二者は廃止）のです。ところがなぜか、ＡＬＰＳ小委員会は原子力規制委員会ではなく経産省が事務局になります。この「原子力規制委員会ではなく経産省にＡＬＰＳ小委員会を委ねた」という事実で、小委員会が最初から経産省の望む方向に誘導されていることがわかります。経産省の甘さで起きた福島第一原発事故の処理なのに、いつの間にか利害当事者である経産省がカムバックしています。

ちなみに13人の委員は次の通りです。

大西有三　関西大学 特任教授

開沼　博　立命館大学衣笠総合研究機構准教授

柿内秀樹 （公財）環境科学技術研究所環境影響研究部研究員
小山良太 福島大学経済経営学類教授
崎田裕子 ジャーナリスト・環境カウンセラー　ＮＰＯ法人持続可能な社会をつくる元気ネット理事長
関谷直也 東京大学大学院情報学環総合防災情報研究センター特任准教授
田内　広 茨城大学理学部教授
高倉吉久 東北放射線科学センター理事
辰巳菊子 （公社）日本消費生活アドバイザー・コンサルタント・相談員協会 常任顧問
森田貴己 （国研）水産研究・教育機構 中央水産研究所　海洋・生態系研究センター 放射能調査グループ グループ長
山西敏彦 （国研）量子科学技術研究開発機構　核融合エネルギー研究開発部門ブランケット研究開発部長
山本一良 名古屋学芸大学教授（名古屋大学 参与・名誉教授）
山本徳洋 （国研）日本原子力研究開発機構核燃料サイクル工学研究所長

小委員会は2016年11月11日から2020年1月31日まで、17回開かれます。そこでの議論や提出された資料がインターネットで公開されています。

調べてみると、ALPS小委員会には5つの選択肢が示されています。

・「地層注入」＝液体のまま地中深くに注入する。

・「水素放出」＝トリチウムを分離する→後で詳述します。

・「地下埋設」＝固体化して地下ピットに保存する。

・「水蒸気放出」＝自然蒸発またはボイラーを使って水分を蒸発させ、放射性物質のヘドロを残す。

・「海洋放出」＝海洋に流す。

その工事期間、費用、用地面積が一覧表で提出されます（2019年8月9日　第13回目会合）。表で一目瞭然なのは「海洋放出」が「安くて、早い」という点です。

（タスクフォースの5つの選択肢から、ALPS小委員会がどのような理由で3つの選択肢を消去したか、同委員会の記録から抜粋）

経産省による汚染水処理のコスト見積もり

処分方法	地層注入	海洋放出	水蒸気放出	水素放出	地下埋設
期間	104+20n か月 912 か月(監視)	91 か月	120 か月	106 か月	98 か月 912 か月(監視)
コスト	180+6.5 億円 +監視	34 億円	349 億円	1,000 億円	2,431 億円
規模	380㎥	400㎥	2,000㎥	2,000㎥	285,000㎥
2次廃棄物	特になし	特になし	処理水の成分によっては、焼却灰が発生する可能性あり。	2次廃棄物として残渣が発生する可能性あり。	特になし
作業員被曝	特段の留意事項なし	特段の留意事項なし	排気塔高さを十分にとるため、特段の留意事項はない。	排気塔高さを十分にとるため、特段の留意事項はない。	埋設時にカバー等の設置による作業員への被曝抑制が必要。
その他	適切な土地が見つからない場合、調査期間・費用が増加。	取水ビットと放流口の間を岸壁等で間仕切る場合には費用が増加。	降水条件によっては放出の停止の可能性があり、多少期間が伸びる可能性あり。	降水条件によっては放出の停止の可能性があり、多少期間が伸びる可能性あり。	多くのコンクリート、ベントナイトが必要。残土が発生する。

経産省が ALPS 小委員会に提出した資料より

③ALPS 処理水の処分方法について

タスクフォースで検討された５つの処分方法のうち、地層注入については、適した用地を探す必要があり、モニタリング手法も確立されていない。水素放出については、前処理やスケール拡大等について、更なる技術開発が必要となる可能性がある。地下埋設については、固化時にトリチウムを含む水分が蒸発することや新たな規制設定が必要となる可能性、処分場の確保の必要がある。こうした課題をクリアするために必要な期間を見通すことは難しく、時間的な制約も考慮する必要があることから、地層注入、水素放出、地下埋設については、規制的、技術的、時間的な観点から現実的な選択肢としては課題が多く、技術的には、実績のある水蒸気放出及び海洋放出が現実的な選択肢である。

また、社会的な影響は心理的な消費行動等によるところが大きいことから、社会的な影響の観点で処分方法の優劣を比較することは難しいと考えられる。しかしながら、特段の対策を行わない場合には、これまでの説明・公聴会や海外の反応をみれば、海洋放出について、社会的影響は特に大きくなると考えられ、また、同じく環境に放出する水蒸気放出を選択した場合にも相応の懸念が生じると予測されるため、社会的影響は生じると考えられる。

水蒸気放出は、処分量は異なるが、事故炉で放射性物質を含む水蒸気の放出が行われた前例があり、通常炉でも、放出管理の基準値の設定はないものの、換気を行う際に管理された形で、放射性物質を含んだ水蒸気の放出を行っている。また、液体放射性廃棄物の処分を目的とし、液体の状態から気体の状態に蒸発させ、水蒸気放出を行った例は国内にはないことなどが留意点としてあげられる。また、水蒸気放出では、ALPS 処理水に含まれるいくつかの核種は放出されず乾固して残ることが予想され、環境に放出する核種を減らせるが、残渣が放射性廃棄物となり残ることにも留意が必要である。

海洋放出について、国内外の原子力施設において、トリチウムを含む液体放射性廃棄物が冷却用の海水等により希釈され、海洋等へ放出されている。これまでの通常炉で行われてきているという実績や放出設備の取扱いの容易さ、モニタリングのあり方も含めて、水蒸気放出に比べると、確実に実施できると考えられる。ただし、排水量とトリチウム放出量の量的な関係は、福島第一原発の事故前と同等にはならないことが留意点としてあげられる。

ALPS 小委員会の記録

上記の記録でわかるように「地層注入」「水素放出」「地下埋設」の３つはボツにされ「水蒸気放出」「海洋放出」の２つだけが選択肢として残ります。「水蒸気放出及び海洋放出が現実的な選択肢である」と記載がありますね。

「現実的」とは一体どういう意味でしょう。

コンクリート固化（資料では「地下埋設」）は、費用がかかる。用地確保が必要だ。監視が76年必要だ。経産省の資料は「できない理由」を並べ立てます。

そして「水蒸気放出」は「事故炉

では例がある」（TMI原発のこと）が、あれやこれやと条件を厳しくして「日本では前例がない」と言う。

実はこれもウソです。原発事故前、福島第一原発では、年間約1・5兆ベクレルの水蒸気放出をしていました（2010年度）。約10キロメートル南にある福島第二原子力発電所でも事故前は約1・9兆ベクレルの水蒸気放出をしていました。これは他ならぬ検討小委員会の2020年2月10日付報告書に明記されています（ちなみに海洋排水では、事故前は福島第一：年間約2・2兆ベクレル、第二：約1・6兆ベクレルの海洋放出をしています）。

同じALPS小委員会に「日本では前例がない」と言ったくせに、2年後に「福一でも福二でもやってました」と正反対の説明を経産省は平気でやります。委員のみなさんは「オイオイ」とツッコミを入れなかったのでしょうか。

コンクリート固化をなぜ選択肢から外したのか。前掲の表で明らかでしょう。用地もお金も莫大にかかるのです。

海洋放出　**工期**：7年7か月　**監視**：不要　**費用**：34億円　**規模**：400平方メートル

水蒸気放出　**工期**：10年　**監視**：不要　**費用**：１０００億円　**規模**：２０００平方メートル

固体化　**工期**：８年２か月　**監視**：76年　**費用**：２４３１億円　**規模**：28万５０００平方メートル

つまり海洋放出は「安い、早い」。

「うまい」が加われば、牛丼のようです。「ＡＬＰＳ処理水」は飲んでも安全だと東電はおっしゃいますので、飲料水「ＡＬＰＳの銘水」と銘打ってボトルに詰めて売り出したらいいんじゃないでしょうか。「安い、早い、うまい。ＡＬＰＳの銘水」と広告コピーまで浮かびます。

冗談はさておき。

「海洋放出しか解決策はなかったんだ」という言説に注意してください。これはウソです。真っ赤なウソ。代替案は上記の通りいくらでもありました。

「海洋排水の他に方法があるんだったら、代替案を示せ」などとネット上で言う人がいますが、ただ単に不勉強な人です。代替案は実は多数あって、ＡＬＰＳ小委員会も議論した。他の国を見れば、とっくに実施されている。

さっきも言った通り、TMIでは、自然乾燥（ボイラー式）という方法が採られました。

もうひとつの方法のモルタル化処理というのは、他でもない福島第一原発でもおこなっていることです。

さらに海外に目を転じますと、アメリカのノースカロライナ州にある「サバンナ・リバー・サイト」の実例があります。

サバンナ・リバー・サイトのウェブページ

これは冷戦時代に核兵器を作っていた工場です。冷戦が終わってこの軍事施設を閉鎖してみたら、大量の汚染水が残されていた。蓋を開けてみたら、汚染水だらけだった。核兵器（核弾頭の原材料であるプルトニウム）を作るには、原子炉でウランを核分裂させる必要があります。核兵器を作る原子炉も、原子力発電所の原子炉も、仕組みに大差はありません。水のループにタービンがつながっていて発電するかしないか、が違うぐらいです。

つまり「減速材」兼「冷却材」として、核燃料棒を水がひたしてぐるぐる回るという構造は同じです。

その時に生じた汚染水が残され、ほったらかしにされていたわけです。

アメリカのエネルギー省（ＤｏＥ）は、その汚染水にセメントをぶち込んで、コンクリート固化して保管するという方法を選んだ。そしてピットを掘ってそこに保管した。

これだと、自然乾燥のように大気中にも放出されないし、川に流したり、海に流したりしないからより安全なんです。汚染物を陸上に保管できる。国際問題になりません。

なぜ福島第一原発でもこの方法を採らなかったのか、非常に不思議です。お金がかかるから？　用地が必要だから？　監視期間が76年もかかるから？　いやいや、いやいや。

放射線防護の原則に逆行して、放射性物質を環境に拡散するのです。核物質に直接触れた水を海洋に流すという大きなリスクを犯すのです。世界を巻き込むのです。

ここで費用や用地をケチるのは賢明な政策判断ではない。あくまで「陸上処分」を優先して、国際問題化を防ぐべきでした。コストをかけるべきポイントを間違えているのです。

固体化はすでに福島第一原発の廃棄物処理でやっているだけに「賢明ではない」を通り

越して「愚か」です。
「もうすぐタンクの置き場がなくなる」と焦ったのでしょうか。
それも誤りであることを、次に述べます。

本当は……

海洋排水以外にも少なくとも二つの選択肢があった

ALPS水
Advanced Liquid Processing System
12のウソ

❸「タンクの置き場はもうない」

次のウソにいきましょう。私は「現場に行けばすぐわかるウソ」と私は呼んでいます。

「汚染水タンクを置く場所がなくなりました。なので海に捨てさせてください」

東京電力はそういう言い方をしています。政府もその前提で海洋排水を決めました。

しかし、これは真っ赤なウソです。

現場に行けばすぐにわかります。東京電力が言っている「タンクの置き場所がない」というのは、福島第一原発の構内だけの話なんです。これは広さにしてわずか約3・5平方キロメートル。まあ2キロ四方弱と考えてください。この3・5平方キロメートルという狭い「福島第一原発の敷地内」でタンクがいっぱいになったので「何とかしてください」

福島第一原発を取り囲む中間貯蔵施設

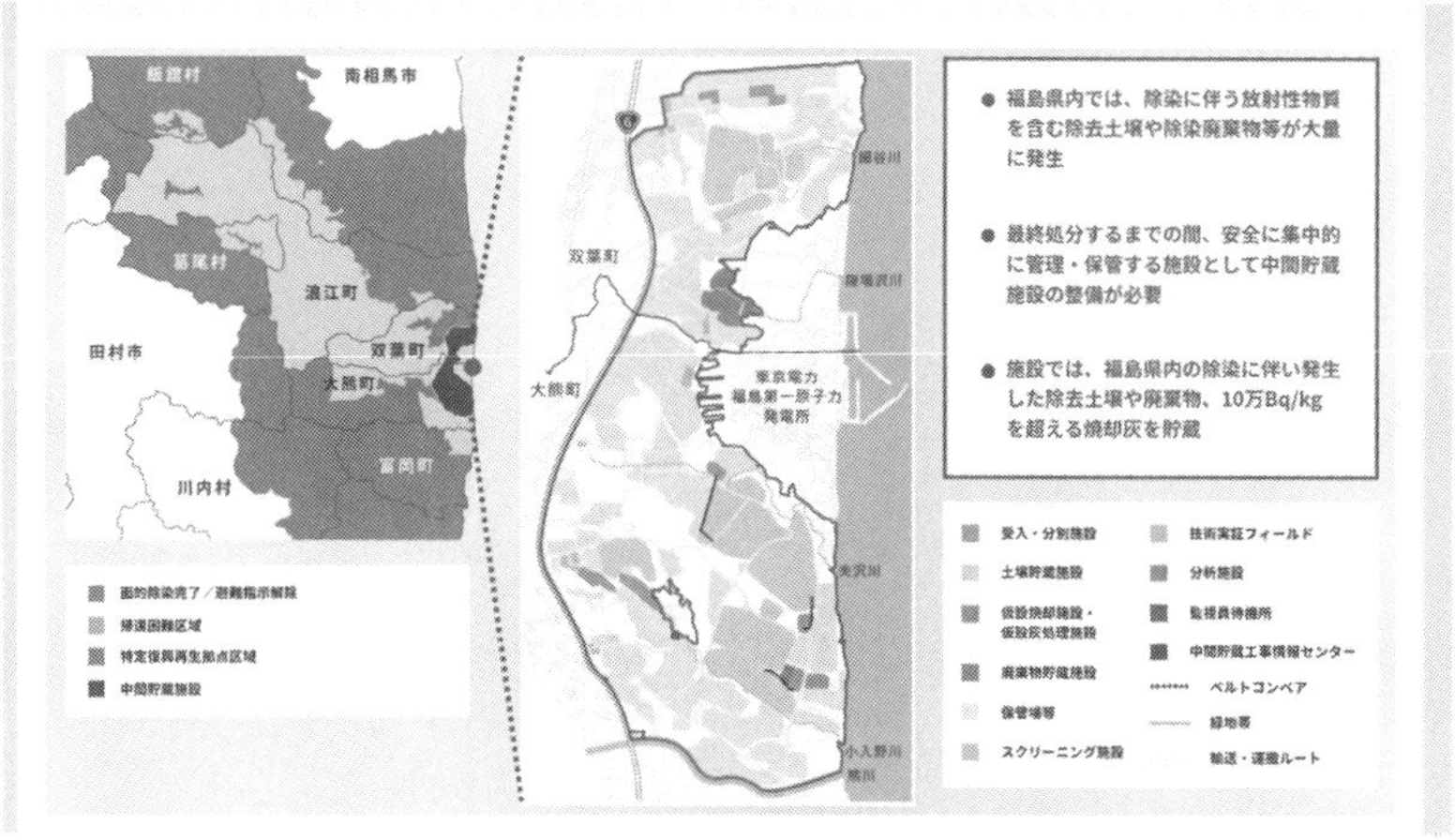

環境省ウェブサイトより

「じゃあ、海に捨てましょう」というのが東京電力と政府の主張です。

ところが、現場に行けば、びっくりされると思います。福島第一原発の周囲は、巨大な空き地なんです。

福島第一原発を取り囲む約16平方キロメートル。これは東京都渋谷区（15平方キロ）より広く、新宿区（17平方キロ）より狭い面積です。「大熊町」「双葉町」二つの町にまたがっています。

これを「中間貯蔵施設」と言いまして、除染で出た汚染土の埋立場になっています。ここは30年間、地主から借りる・あるいは買い上げるという約束が地権者との間で成立しています。この約束によって、こ

中間貯蔵施設内から見た福島第一原発。左にタンク群が見える。手前には空き地がある。
2021年1月鳥賀陽撮影

汚染土の埋め立てサイト。2021年1月鳥賀陽撮影

福島第一原発を取り囲む形で造成された中間貯蔵施設内部。2021年1月烏賀陽撮影

こに住んでいた約４３００人の人が、すべて立ち退かされました。現在ここに住民は1人もいません。元住民でも許可がなければ立ち入り禁止です。少なくとも30年間、人がいない。そんな広大な土地が広がっています。

　もちろん、汚染土の埋め立てのための用地です。施設内に11か所の埋め立てサイトがあります。ここに、福島県中から出て、フレコンバッグに詰め込まれた汚染土が運び込まれ、分別され、地面を掘り下げて逆ピラミッド型にして、そして埋めていくんですね。

　ところが、16平方キロメートルある中間貯蔵施設の中にある11か所の埋め立てサイトを除いても、まだ空き地が広大に残っているんです。

これは現場に行くとすぐわかります。国道6号から福島第一原発が見える。その国道から原発敷地までの間に広大な空き地が広がっているのです。

中間貯蔵施設は月2回見学ツアーを開いています。私は2021年1月に、この見学会に参加しました。一般人でも大丈夫です。マイクロバスに乗せて、貯蔵施設内を回ってくれます。すぐに気づくのは、空き地が広大にあることです。

どのみちここには、30年間、地元の人は戻れない。ならば、30年間ずっととまでは言わなくても、暫定的に5年ぐらいタンクをここに置かせてもらえばいいじゃないかと思います。多少は時間を稼げます。その間に、本当に海洋放出するべきなのか、固体化や自然蒸発で陸上処理すべきじゃないのか。その時間を使って、もっと社会的な議論を深めることができたはずです。

はっきり言ってしまえば、2023年8月24日に「どうしても海洋排水を始めなければならない必要性」などなかったのです。

さっき言ったように、コンクリート固化とか、自然蒸発とか陸上処理の選択肢はあった。でかい地下タンクを作ってそこに貯蔵する案も出ています。

今年の酷暑を考えると、自然蒸発はありえたはずだと考えます。水を蒸発させれば、容器の底には放射性廃棄物のヘドロが残ります。それを固体化するなり（ＴＭＩ、サバンナ・リバー方式）して人間から隔離保管すればよかった。

中間貯蔵施設を使えば、時間を稼げるじゃないですか。30年あるんだから。そう思うんですけれどもね。

ところがなぜか、この広大な空き地を無視して、東電や経済産業省は「福島第一原発の敷地約３・５平方キロメートルがいっぱいになったから海に捨てるんだ」って言っている。

福島第一原発構内を管轄する経済産業省に問い合わせたことがあります。

「福島第一原発の周りに中間貯蔵施設がありますよね。そこにしばらくタンクを置かせてもらったらどうなんでしょうか」と。

すると「あ、あちら（中間貯蔵施設）は環境省の管轄ですから」と平然と言った。

「そんな馬鹿な」と思いませんか。あっちが環境省で、こっちが経産省でって、あなた方、同じ日本政府でしょう。普通そう思いますよね。当然です。僕もそう思います。

同じ福島第一原発事故の処理をやっているのに、東京・霞が関の「縦割り行政」がこんなところで言い訳に使われている。

わざわざ4300人の住人を追い出したんですよ。誰も住んでない。入るのに許可が要るんですよ。住民がですよ、住民が自分のふるさとに入るのに許可がいるんですよ。「放射性物質である汚染水を動かすのには、許可がいるんです」のどうのこうのと経産省は言います。いやいやちょっと待って。その許可を出すのは原子力規制庁です。経済産業省のある霞が関から地下鉄で10分の距離です。行って相談すればいいじゃないですか。経済産業省と環境省に至っては、同じ霞が関の、通りを挟んでお向かいさん。そんなもん、横断歩道を渡って協議に行けばいいじゃないですか。なぜやらないのか。暑くてエアコンの効いた役所から出るのがイヤなのか。足腰が弱っているのか。

不思議に思って経済産業省の公開資料をよくよく見ますと「一度、汚染土の埋め立て地として契約した土地の用途を変えるのは難しい」とあるのを見つけ、腰が砕けた。「難しい」って、何ですか。

失礼ですが、笑っちゃった。「不可能だ」っていうんだったら、まあ、トム・クルーズみたいにミッション・インポシブルに挑戦せよとは申しません。でも「難しい」って何ですか。

この中間貯蔵施設の建設に福島県が同意したのは2014年9月です。それから、最初のフレコンバッグの搬入が始まったのが翌年3月です。4300人が住む渋谷区より広い土地を「30年間、汚染土の埋立地にする」というとんでもない契約を、わずか6か月で達成した。1743人の地権者の同意を取り、契約を交わした計算になります。1か月におよそ300人。ものすごいスピードです。環境省の職員たちは実に優秀かつ勤勉なのでしょう。

ところが、同じ土地に「汚染水タンクも置く」に契約を一部変更するのは「難しい」んだと泣き言を言う。

「難しい」というのは「また1743人を回ってハンコをもらわなくちゃならんのか」と面倒くさいだけじゃないのか。仕事を増やしたくないだけじゃないのか。あくまで私の邪推にすぎませんが。

なつかしい我が家や故郷から4300人を立ち退かせ、30年間帰れなくする契約は、わずか半年で1743人の合意をとりまとめたのです。この落差は一体何なのでしょう。

もちろん、膨大で煩雑な作業であることは否定しません。

しかし、結果を見れば、経産省と環境省は「中間貯蔵施設の空き地にタンクを置く協議をする」「地権者との契約修正をする」より「海に捨ててしまうこと」を選んだ、と言わざるを得ません。

放射性物質は「閉じ込める」が鉄則である。まず陸上でそれをやろう。その発想がない。

これは、どう考えても倒錯している。乱暴すぎる。なぜこんなことになってしまったのでしょう。

私が動画を公開したあと、多数の反響がありました。その中で非常に多かったのは「福島第一原発の周りにまだタンクを置ける空き地があることを初めて知った」という声です。

これは私には意外でした。現場に行けば、そんな光景は眼前に存分に広がっているので、わかりきったことだと思っていたのです（現場に行き過ぎて、行ったことのない人と感覚がズレたのです）。福島県太平洋岸の幹線道路である国道6号を車で走ってみてください。いちばん近いところで、福島第一原発まで2キロメートルぐらいまで行けます。国道から何箇所か、同原発が見えます。見える場所まで行けば、嫌でもその現実が目の前に広がっています。

ここで私は新聞・テレビなどマスコミの「罪」に触れざるを得ません。

私に声を寄せてくれた人に「どうして置き場所がないと思ったのですか」と聞いてみました。すると「新聞やテレビに出ている映像では、いつもタンクが密集した写真ばかり見せられるので、本当にもう置き場所がないのだと信じ込んでいた」という答が返ってきたのです。

なるほどと思い、Googleで「福島第一原発　タンク」をキーワードに画像検索してみました。すると、出るわ出るわ。汚染水タンクがギュウギュウに密集した写真ばかり出て

きます（上の写真）。新聞・テレビ例外がありません。

しかし、これらの写真はどれも「福島第一原発の構内だけ」の写真なのです。その外側は写っていません。「ウソは言わないが、本当のことも言わない」という日本の新聞テレビの病痾がまたここでも顔を出しています（拙著『フェイクニュースの見分け方』参照）。

まったく不可解と言わざるを得ません。この写真の中の数点（NHK、読売、朝日、東京新聞など）は上空から「空撮」をしています。こうした大手マスコミは空撮のためにヘリや飛行機を持っていますから、飛ばしたのでしょう。ということは、福島第一原発を囲む中間貯蔵施設に広大な空き地があることも目にしていたはずです。しかし、彼らはそれを無視します。撮影ぐらいはするのかもしれませんが、紙面や番組には出てきません。本社の編集者がボツにしてしまうのでしょう。

「東電や政府の言うとおり、タンクの置き場所は本当にないのか？」という問題意識（英語では Questioning）があれば、現場に行って確かめるでしょう。しかし、記者たちにはそういう問いかけがありません。ALPS水排水に関する記事の主要部分は、東京にいる本社記者が書きます。東電や政府（首相官邸、経済産業省、文部科学省など）が東京で会見をするからです。そういった東京にいる記者たちは、現場に行ったことがないのじゃないか、行っても空き地があることに気づかないんじゃないか。私はそう邪推します。行けば、嫌でも現実が目に飛び込んでくるからです。

こういう風に「同じ意味を持つ情報であっても、焦点の当て方によって、人はまったく別の意思決定を行う」認知バイアスのことを「フレーミング効果（Framing Effect）」と心理学や行動経済学は呼びます。〝Frame〟とは絵画や写真の「額縁」のことです。つまり現実全体の中で、一部だけを額縁に入れたように「切り取る」ことを意味します。

「タンクがギュウギュウ密集する原発構内の周囲に、広大な空き地が広がる」という現実のうち「タンクが密集する原発構内」だけを切り取って、額縁（新聞写真、テレビ画面など）に入れて人々に見せる。すると「タンクが密集」→「置き場所がない」→「汚染水処分は待ったなし」と世論の認識や意思決定を誘導することができます。

ここでは「認識誘導」（英語でPerception Shaping）が起きています。語調を強めると「印象操作」です。

新聞テレビ記者たちが意図的に政府東電の主張通りに協力しているのか、現場に行かず怠けているのか、行っても気づかないほど間抜けなのか、それはわかりません。社によって、あるいは記者個人によって違うでしょう。

しかし、結果としてマスコミには「タンクが原発構内にギュウギュウに密集した映像」ばかりが大量にあふれ「その額縁の外側」は切り捨てられてます。読者・視聴者の認識には届きません。そして世論は「タンクの置き場所はもうない」→「急いで処理しなくてはいけない」という方向に誘導されていきます。政府・東電の意図のとおりになります。

本当は……

第一原発の周辺には広大な「中間貯蔵施設」がある

ALPS水
Advanced Liquid Processing System
12のウソ

④ 「ＡＬＰＳ水排水は被災地の復興に必要だ」

岸田文雄総理が、ＡＬＰＳ水の海洋排水が始まった２０２３年8月24日、ツイッターで声明を発表しました。

「本日よりＡＬＰＳ処理水の放出が始まりました。福島第一原発の廃炉に向けて歩まなければならない道であると同時に、福島を始めとした被災地復興の新たな一歩です。今後政府を挙げて、風評対策をはじめ福島や被災地の復興の姿と、日本の食文化の魅力などを、世界に向けて力強く発信してまいります。」（傍線は烏賀陽）

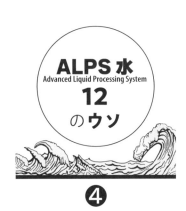

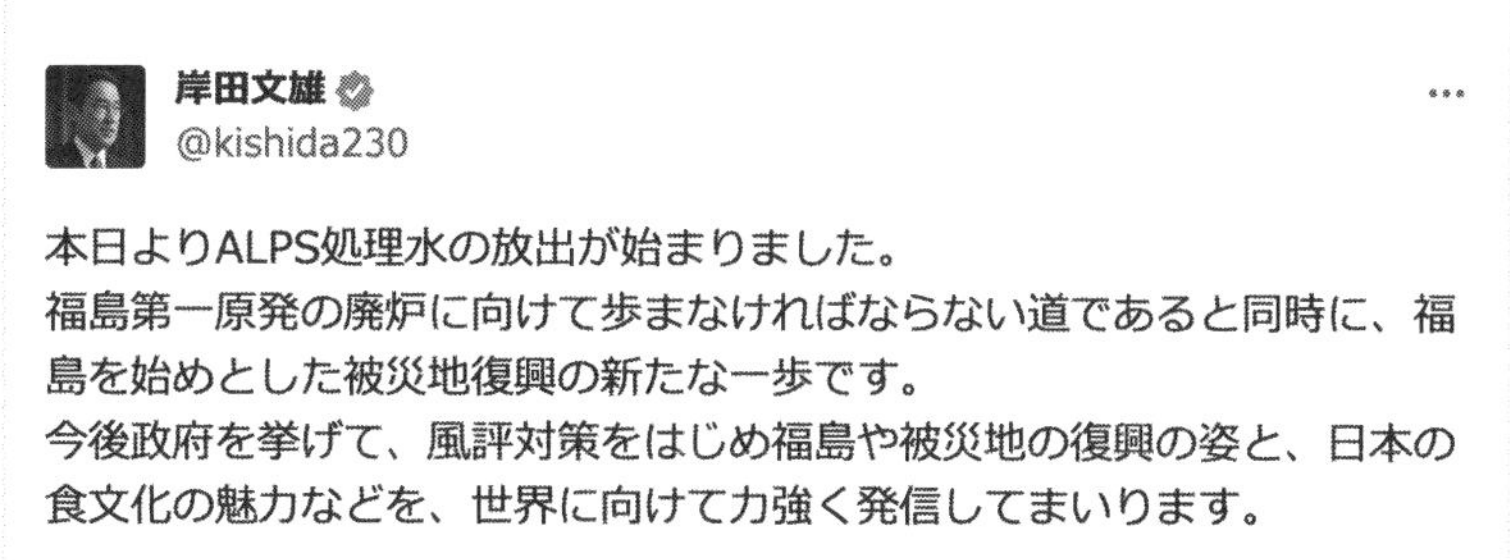
岸田文雄
@kishida230

本日よりALPS処理水の放出が始まりました。
福島第一原発の廃炉に向けて歩まなければならない道であると同時に、福島を始めとした被災地復興の新たな一歩です。
今後政府を挙げて、風評対策をはじめ福島や被災地の復興の姿と、日本の食文化の魅力などを、世界に向けて力強く発信してまいります。

岸田文雄総理のツイート。2023年8月24日付け。

このツイートを読んだとき、私は椅子から転げ落ちそうになりました。びっくり仰天です。誰あろう、わが祖国日本の総理大臣が、わずか１４０文字の間に２回も明白なウソを言っている。

まず1点目。「ＡＬＰＳ水の海洋排水は、福島を始めとした被災地復興の新たな一歩です」だと岸田総理は言う。

これはウソです。真っ赤なウソです。

ＡＬＰＳ排水は福島第一原発の外側に広がる被害地の復興とは、一切何の関係もありません。

なぜならば、なぜならばですよ。

問：ＡＬＰＳ水を海洋排水したら、何が起きるでしょうか。

答：福島第一原発構内にあるタンクが1基減ります。

問２：さらに海洋排水したら、何が起きますか。

答２：福島第一原発構内にあるタンクが２基減ります。

……

問ｎ：ＡＬＰＳ水をｎ回海洋排水したら、何が起きるでしょうか。
答ｎ：福島第一原発構内にあるタンクがｎ基減ります。

おわかりでしょうか。いくら排水を続けても、福島第一原発の敷地、３・５平方キロメートルの中にあるタンクが減り、空き地が増えるだけなのです。

９月25日付けの『福島民報』はタンクそのものが高線量を帯びていること、底に高線量のヘドロが残ることから、排水してもタンクを移す場所がないことを指摘しています。空き地すらできないかもしれません。

福島第一原発の外側には、放射性物質を浴びた被害地がどれぐらい広がっているのでしょう。住民が強制避難を命じられた半径20キロメートル圏だけで、およそ６２８平方キロメートルあります。事故当時、ここに９６５４１人が住んでいました。原発から10キロメートル圏内で92パーセント、20キロメートル圏内でも80パーセントの住民が戻りません。

福島第一原発構内３・５平方キロメートルの敷地からタンクが減ったとしても、その外側６２８平方キロメートルの現実は１ミリも変わりません。

そもそも福島第一原発構内は、その周辺に住んでいた96541人の生活の場ではない。買い物に行く場所でも、遊びに行く場所でもない（地元学校の遠足や社会見学はあったそうです）。

バカバカしいほど当たり前のことではありませんか。ALPS水をいくらジャブジャブ排水しても、原発構内外側に広がる被害地の復興には一切関係がないのです。福島県全県に拡大しても、1ミリも関係ありません。

そもそも「復興」とは、地元の人々が2011年3月11日以前の暮らしを取り戻すことです。

ALPS水を排水したら、被害地にばらまかれた放射性物質が一粒でも減るでしょうか。原発事故前の地元民の暮らしが戻るでしょうか。「ALPS水が排水されたから、故郷に戻ろう」と避難先に定住した住民が我先に戻るでしょうか。除染解体され、姿を消した商店街や学校がニョコニョコと復活するのでしょうか。改めて問うのもアホらしい。

「地元を原発事故以前に戻すことは不可能だ」と、全村民約6000人が強制避難させられた飯舘村の菅野典雄・元村長はじめ地元の市町村長が口を揃えて証言しています。

岸田総理の「ALPS水排水＝復興」発言を単なる「美辞麗句」と片付けることはでき

ません。なにしろ一国の総理大臣の発言です。影響力が大きい。海外にも翻訳されて届きます。これは聞く人、世界の人々を誤解（＝『ＡＬＰＳ水排水で復興が進む』）に誘導する誤導（ミスリード）表現です。岸田声明の原稿は事前に首相官邸のスタッフによって練り上げられたものでしょうから、意図的なディスインフォメーションと呼ぶに値します。

百歩譲って、日本政府のやっているＡＬＰＳ水排水が、環境に何の害も与えない安全なものだったと仮定しましょう。

しかし、それを「福島第一原発の外側のこの628平方キロメートルの復興」とイコールで結ぶのは、明白なウソです。岸田総理はかくも堂々と虚偽を公言しています。わが国の代表、内閣の長、与党総裁である総理大臣の発言です。そこらへんのおっさんとは発言の重みが違うのです。ゆえに私は心を鬼にして「ウソだ」と言わざるを得ない。

本当は……

ＡＬＰＳ水の排水は被災地の復興と何の関係もない

ALPS水
Advanced Liquid Processing System
12のウソ

⑤ 「ＡＬＰＳ水の海洋排水は廃炉を進めるために必要だ」

そして岸田声明のもうひとつのウソ。「福島第一原発の廃炉に向けて歩まなければならない道」と、岸田総理は言います。これもウソです。

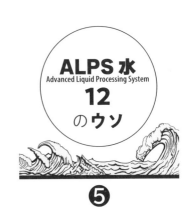

そもそも「廃炉」はメルトダウンした核燃料棒を３つの原子炉から抜き取らないと終わりません。壊れた原子炉の底に、高温で溶け落ちた核燃料＝デブリが積もっているからです。デブリを抜き取り、人間から隔離して封印のうえ最終処分場に安置し、高線量に汚染された原子炉や格納容器、土壌をすべて除去したあと、安全になった土地を福島県に返す。政府・東電は「廃炉」の完了をそのように定義しています。

では、その溶け落ちた燃料棒にかけて出たＡＬＰＳ水を海に排水したとしますね。海に排水したら、溶け落ちた核燃料デブリは何か変化するんですか？

微動だにしません。1ミリも変わりません。それどころか、デブリは今も崩壊熱を放っていますから、水をかけて冷却しなくてはならない。汚染水は出続けます。

冷やしうどんに例えましょう。

茹で上がって熱々のうどんをザルに入れ、水道水をジャージャー流して冷やします。うどんから熱い温度が移ったお湯が出ます。排水口に捨てます。また水をかけます。捨てます。かけます。捨てます。この動作を繰り返せば、茹でたうどんはキュッと締まったおいしい冷やしうどんになります。

しかし、その間に、うどんが勝手に歩いて蒸籠の上に乗ってくれますか？　つけ汁が勝手にミックスしますか？　ネギや海苔が自分で刻まれますか？　うどんを冷やしている間に、たまった洗濯物は自分で洗濯機に飛び込み、イヌは散歩に出かけ、ネコは自分で爪を切りますか？

何も起きません。うどんを冷やして出たお湯をいくら捨てても、冷えたうどんがザルの中に鎮座しているだけです。だし汁や刻みネギ、海苔を用意する作業はまったく進んでくれません。よって冷やしうどんをおいしく食べることはできない。別の作業としてだし汁や刻みネギを用意しなくてはいけない。
「茹でたうどんを水で冷やす」という作業と、「そのうどんを蒸籠に盛り、つけ汁をつくり、ネギや海苔を刻んでふりかける」＝「冷やしうどんという料理を完成させる」という作業は、元々まったく別のオペレーションなのです
この例でわかるように、ＡＬＰＳ水をいくら海に排水しても、廃炉は１ミリも進みません。
現在、廃炉作業が抱える極めて困難な問題はこうです。

デブリは人間が近づくと死ぬような高線量を放っている。
←
ロボットを遠隔操作して掘り出すしかない。
←
しかし高温で溶け落ちたデブリは組成はおろか、形状すらわからない。金属なのか砂礫状なのか岩石状なのかわからない。
←

形状がわからないから、取り出すための工具をどんな形にしていいのかわからない。

←工具の設計のためにまず組成や形状を知らなくてはならない。

←そのためには、遠隔操作のロボットを送り込んで、デブリをボーリングをしたりサンプルを採取したりしなくてはならない。

←メルトダウンした一～三号機のデブリは水中にあるものと水外にあるものに分かれる。

←そのために水中ロボットを用意するか、乾式ロボットを用意するか決めなくてはならない。

←地震で破壊され、高熱で溶けた原子炉内に、デブリにロボットがアクセスする経路があるかどうかわからない。

←そのアクセスマップを作らなければならない。

アクセスマップ作成のためカメラつきロボットを送り込んでも、あまりに線量が高いので画像が乱れて中の様子がわからない。

こうした廃炉作業の進捗は、福島第一原発から20キロメートル南にある「楢葉遠隔技術開発センター」を見学すると教えてくれます。原子炉の原寸大モックアップがあり、潜水ロボットの実験が行われています。格納容器内の階段を再現し、登攀《とうはん》ロボットを遠隔操作する訓練も行われています。私は２０２０年12月に取材しました。当時の廃炉作業はこのような課題に取り組んでいました。

もうおわかりですね。廃炉の根幹であるデブリの抜き取り工程と、ＡＬＰＳ排水は何の関係もない。繰り返します。ＡＬＰＳ水をいくらジャージャー海洋排水しても、廃炉は一ミリも進みません。まあ、タンクの空き地ができるので、そこに装置や機材を置けるとか、それぐらいの間接的、副次的な影響はあるかもしれません。

岸田総理の声明に戻ります。「福島第一原発の廃炉に向けて歩まなければならない道」。これは明々白々なウソであります。「廃炉のためにはＡＬＰＳ水を海洋排水しなきゃいけない」。そんな「うどんを茹でて冷やせば、自動的につけ汁も刻みネギも出来上がる。イヌは一人で散歩にでかけ、ネコは自分で爪を切る」と言い出すような頭のおかしな言説を信じてはいけません。

本当は……

ALPS水を排水しても原発の廃炉は何ら進まない

ALPS水
Advanced Liquid Processing System
12のウソ

❻

「ＡＬＰＳ水を海洋排水すればタンクはなくなる」

「ＡＬＰＳ水を海洋排水すれば、福島第一原発の敷地に並んだタンクはみんなきれいさっぱり消える」みたいに思っている人がいますが、誤解です。

海洋放出できるＡＬＰＳ水というのは、タンクに貯めてあるうちのわずか33パーセントにすぎない。汚染を国際問題化にまでしても、３分の２のタンクは残るのです。

「そんな馬鹿な」、「あれ全部なくなるんじゃないのか」と驚く人がいるかもしれませんね。

違うんですよ。あのニュースでよく見るズラズラ並んだタンクの中に入った汚染水の３分の2、つまり67パーセントは、後述する日本政府の排水基準すら満たせません。それぐらい汚染がひどい。

日本政府の基準をもってしても、海洋放出することができないぐらいの高濃度の放射性物質です。どのみち海には捨てられません。日本政府が自分で基準を作っちゃいましたからね。

ですから「海洋排水をすれば、汚染水問題とタンク問題はすべて解決する」というのはウソです。信じないでください。

本当は……

ALPS水の排水をしても3分の2のタンクは残ったまま

ALPS水
Advanced Liquid Processing System
12のウソ

❼ 「風評被害をなくすことが必要だ」

ＡＬＰＳ水の海洋排水が始まった２０２３年8月24日、外務省が流したツイートを見て私は絶句しました。

「ＡＬＰＳ処理水の海洋放出が開始。国際社会の正確な理解と我が国の取組に対する支持を得る努力を継続し、日本産品に対する輸入規制撤廃や風評対策に全力を尽くします。最初の一滴の放出が始まったこの日から、最後の一滴の放出が終わる日まで、その責務を果たして参ります」

「最初の一滴の放出が始まったこの日から、最後の一滴の放出が終わる日まで」という戦時体制みたいな表現にまず度肝を抜かれます。

「最後の一兵が倒れるまで祖国を死守します」みたいなニギニギしさです。

「最後の一滴」って、全部放出しても全タンクの33パーセントじゃないか。それが終わるのが「最後の一滴」なのか？ それとも政府公認基準値を超える高濃度の汚染水まで海洋排水するのが「最後の一滴」なのか？ とツッコミを入れたくなります。

しかし添付されている写真がＩＡＥＡの報告書だったので、腰が砕けました。日本政府の安全基準に完全な自信があるなら、別に国際機関のエンドースなど引用する必要はありません。日本政府の声明だけで十分なはずです。国際社会で通用する自信がないから「西洋」の権威を引かずにいられないのでしょう。

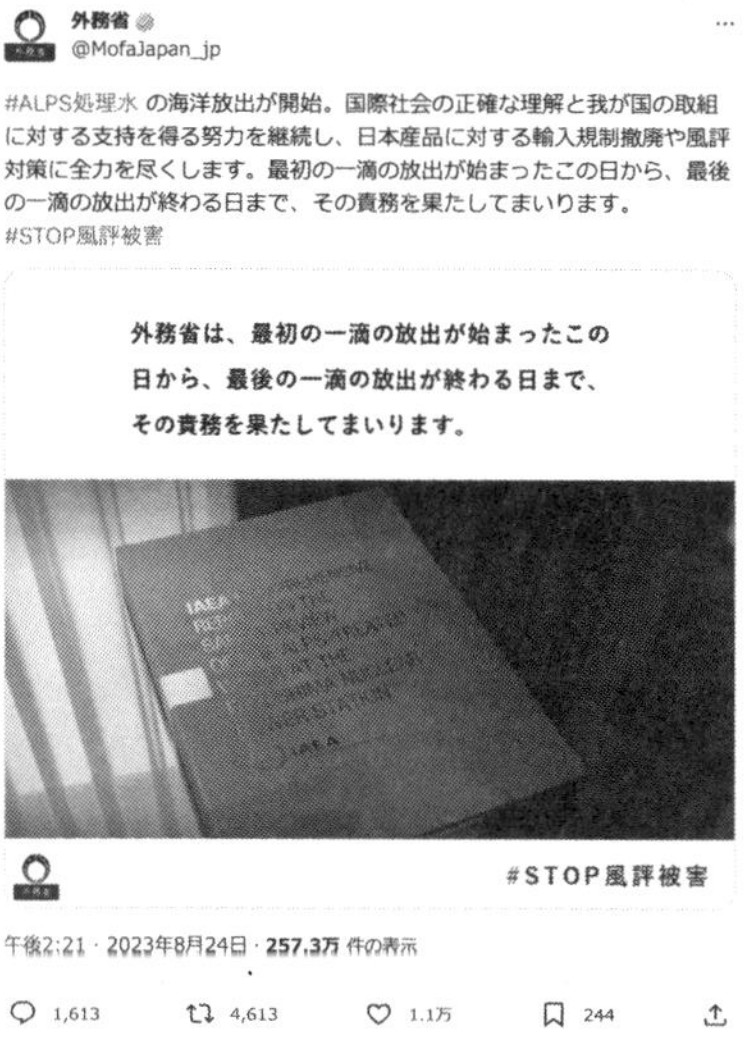
外務省
@MofaJapan_jp
#ALPS処理水 の海洋放出が開始。国際社会の正確な理解と我が国の取組に対する支持を得る努力を継続し、日本産品に対する輸入規制撤廃や風評対策に全力を尽くします。最初の一滴の放出が始まったこの日から、最後の一滴の放出が終わる日まで、その責務を果たしてまいります。
#STOP風評被害
外務省は、最初の一滴の放出が始まったこの日から、最後の一滴の放出が終わる日まで、その責務を果たしてまいります。
#STOP風評被害
午後2:21 · 2023年8月24日 · 257.3万 件の表示
1,613
4,613
1.1万
244
外務省のツイート。2023年8月24日付け。

この外務省のツイートで見落としてはならないのは「#STOP風評被害」というハッシュタグがついていることです。本文にも「日本産品に対する輸入規制撤廃や風評対策に全力を尽くします」とある。「風評被害」という言葉が繰り返し使われます。まるで「#STOP覚醒剤」「#STOPちかん」のような「撲滅すべき悪」として「風評被害」が定義づけられている。ご丁寧にも「STOP風評被害」とスローガンまで用意されています。

同じセンテンスの前半に「国際社会の正確な理解と我が国の取組に対する支持を得る努力を継続し」とあるのに注目しましょう。前後合わせたセンテンスの意味を裏返すと「日本産品に対する輸入規制や風評は全力で撲滅すべきものである。それは我が国の取組を正確に理解していないから起きるのだ」と言外に言っている。もっと端折って要約すれば「ALPS水を海洋排水しても安全だと日本政府が言っているのに、それに同意せず、輸入規制や風評をなす者は、我が国の主張を正確に理解していない。それを全力で撲滅せねばならない」というメッセージになります。

かねてから、私は外交言語においては「何を言ったかより、何を言わなかったかの方が重要」と指摘しています（拙著『世界標準の戦争と平和』参照）。この外務省ツイートが「言わなかったこと」は「日本政府が安全だというから間違いなく安全なのに、輸入規制や風評をなす者は間違っている。それを撲滅しよう」という呼びかけなのです。これは「プロパガンダ」の定義にぴったりはまります。

本書で前に「プロパガンダの第一歩は、ある集団を『われわれ』と『彼ら』に二分すること」だと書きました。

第二歩は「われわれは（正義、道徳、科学、人道などの価値において）正しく、彼らは誤っている」と「われわれ＝正・彼ら＝誤」と定義づけることです。

ここまでなら、平和的な社会的議論や論争でも使われる手法です。

ところが「風評被害」は「被害」というネガティブに価値づけされた言葉を含みます。つまり「われわれ」は「害を被っている」＝被害者だと定義します。「害を被っている」のですから対義として「害を加えている」もの＝加害者が存在しなくてはなりません。外務省の文面に従えば、それは輸入規制や風評をなす「彼ら」という結論に至ります。

おわかりでしょうか。「ALPS水を海洋排水しても安全だという日本政府の主張に従う我々」は被害者で「従わない彼ら」が加害者である。そんな「被害vs加害」の対立構図を、外務省のツイートは設定しています。

「被害vs加害」の構造は「害を被る・与える」という「敵対の構造」とイコールです。

実はこの「われわれ・彼ら」の間に「敵対」の構造を設定することがプロパガンダの第三歩目です。

冒頭で私は、このツイートが「戦時体制のようだ」と書きました。それはあながち冗談ではありません。まずここには「被害vs加害」の敵対・対立の構造が持ち込まれています。その加害者を見分ける要件として「輸入規制」をなす国外勢力、そして「風評」をなす国内勢力と、国内外の「加害者」が例示されるのです。

プラス、加害者である「彼ら」は「撲滅すべき悪」をなしている。悪の対義語は善です。「善vs悪」という対立構図にすら、このツイートは踏み込んでいます。

まとめると「ALPS水が安全だという日本政府と、その言説に従うものは正義あるいは善」vs「従わないものは悪」になります。「被害者vs加害者」「正義・善vs悪」「味方vs敵」という対立構図ですね。あえて誇張するなら「正義・善をなすわれわれ」vs「悪をなす敵」という分類が言外になされています。

これはもはや平時のプロパガンダではありません。戦時型プロパガンダの定義にぴったりと当てはまります。「輸入規制という悪をなす敵」と「敵性国」の定義までちゃんと公知しています。具体的には中国であることは言を俟ちません。その「悪」を撲滅しよう、とまで呼びかけています。

外務省はさすがに有能な官吏の集まりです。たった140文字で戦時型プロパガンダを表現してしまう。外務官僚は優秀だと感嘆するほかありません。外交官の集団ですから、外国のプロパガンダの例を学習しているのでしょう。

冗談はさておき、ALPS水の海洋排水に、日本政府が戦時型プロパガンダを用意するほどの緊張感を持っていることがわかります。

これは裏返すと、国内外から激しい反発を呼ぶことを承知のうえで、ALPS水の海洋排水を実行したことを意味します。

ここでちょっと立ち止まって考えてみましょう。そもそも「風評被害」というのは実在するのでしょうか?

「風評被害」とは「根拠のない誤った情報が社会に流れることで、個人、企業の産品が不合理に忌避されること」です。「福島県産の食品は放射性物質が付着しているかもしれないから、健康リスクを考えて買わずにおこう」という消費者の「買い控え」がそれに該当するでしょう。

「福島第一原発事故で実際に放射性物質がばらまかれたのだから『風評』ではなく『実害』だ」という議論はひとまず置いておきます。同じ福島県内でも、会津地方のように放射性物質の汚染がほとんど及ばなかった地域もあります。もし仮に会津産の食品まで買い控えの対象になっているなら、それは「風評被害」です。

出荷を待つ福島県産コメ。2021年12月、福島県会津美里町で烏賀陽撮影

「風評被害は実在するのか」を私は２０２１年に取材したことがあります。原発事故10年を契機として「福島県の農産物は、消費者市場において回復したのか、していないのか」を調べてみたのです。詳細は２０２２年１月「note」で公開しました。(https://note.com/ugaya/n/n34689b312dc)

福島県の農産品の産出額上位は①コメ（39パーセント）②野菜（21パーセント）③畜産（20・9パーセント）④果実（13・1パーセント）です（２０１９年　福島県『農業産出額』）。

私は「全農福島」（農協の福島県本部）を訪ね、福島県「コメ」「野菜」「牛肉」の取引価格と出荷量のデータを見せてもらい

福島県産コメの原発事故前後の価格比較

	2010年産平均	2020年産平均	価格の変化
福島県中通り産	12,246	13,276	108.4%
同会津産	13,646	14,899	109.2%
同浜通り産	12,768	13,603	106.5%
全国平均	12,711	14,522	114.2%

コシヒカリ　玄米60キロあたり　単位：円

福島県と農水省資料から烏賀陽作成

ました。もし「風評被害」が起こっているなら、福島県産のコメや野菜は消費者からそっぽを向かれて価格は暴落、出荷量もガタ落ちになっているはずです。

結論を先に言うと、2021年末時点で、風評被害はすでに存在しませんでした。

詳しくは前述の拙稿を読んでください。ここでは福島県産コメを例に取ります。原発事故以降、コメの取引価格は2014年ごろ、がくんと下がります。しかしその後、力強く回復し、2020年には原発事故前の2010年より価格が高くなります。

いかがでしょうか。「浜通り」地方は福島第一原発のある太平洋沿岸部を指します。それでも10年後、原発事故前よりコメ価格は値上がりしています。「中通り」（東北新幹線が県庁所在地・福島市や郡山市などを結ぶ福島県の中枢部）「会津」（新潟県境の盆地。汚染被害をほとんど受けなかった）はより値上がり幅が大きい。つまり福島県産コメでは「風評被害」はすでに存在しないのです。「野菜」（夏キュウリ）と「牛肉」も調べましたが、結果は同じでした。

夏キュウリは福島県の名産品です。驚いたことに、福島県産キュウリは、原発事故後もまったく値段が下がらないし、出荷量もまったく変化がない。福島のキュウリは原発事故にも負けない人気者なのです。

同じく牛肉もまったく変化していません。

そもそも、原発事故前から、福島県産のコメの6割以上は「業務用」として出荷されています。「業務用」とは「外食産業」（ファミリーレストラン、牛丼店など）や弁当チェーン店、コンビニなど「中食産業」（調理されたものを買って家庭で食べる）に供給されるコメのことです。表示は「国産米」とだけ表示されます。２０１９〜２０２０年でだいたい64パーセントです。

つまり仮に「福島県産コメは放射能がコワイからやめておこう」と消費者が固く決心しても、福島県産コメの64パーセントは「福島県産」とは表示されていないので、忌避することは不可能なのです。コンビニおにぎりや牛丼として、みなさんが福島県産コメを食べている可能性は高い。

残りの36パーセントも、大半は「福島産」ではなく「会津産」と表示されて市場に出ます。はっきり言ってしまうと、福島のコメは、新潟県の「コシヒカリ」や山形県の「つや姫」「ひとめぼれ」のような産地ブランド米ではないのです。

以上のようなことが分かったので、私は前述の記事で「2021年現在、福島県産農産品に風評被害はすでに存在しない」と結論づけました。

ということは「原発事故を理由に、福島県産農産品が消費者に忌避されている」という話はフィクションです。「風評被害」は幻想なのです。

なお、コメの出荷量は10年間で少し減っています。これも全農で「出荷量は減っていますね」と聞いてみました。すると「福島第一原発事故以降、半径20～30キロメートルから人が避難でいなくなってしまって、農家がいないのでコメができないんです」と言われました。これは福島第一原発事故による「実害」ですよね。「風評被害」ではない。

ですので、福島県産の米、野菜、牛肉に関して言いますと、2023年現在「風評被害は存在しない」と言えます。

むしろ全農福島の担当者は「もうそろそろ、風評被害対策補助金をもらったりとか、そ

ういうことはやめたいと思っている。純粋に野菜や米の味だけで勝負したいんだ」とおっ
しゃる。

まったくもってその通りです。だって、風評被害なんて存在しないんですから。生産者
が一番よく知っている。

福島第一原発周辺の「復興」を表す指標として、私はよく「人口帰還率」を引用します。
簡単です。市町村ごとに「原発事故前の人口」で「原発事故後の人口」を割る。すると、
どれぐらいの住民が戻ってきたのかパーセンテージがわかります。

福島第一原発から半径10キロメートルの市町村では、大体人口の92パーセントがいなく
なりました。92パーセントですよ。ほとんど人がいないんです。当然、コメ農家もほとん
どいません（実験的に米を作るコメ農家はいます）。

半径20キロメートルに拡大しますと、大体80パーセントの住民がいなくなりました。当
然、農家もみんな「避難」で他の市町村に移りましたので、米の生産量が減っているので
す。当たり前のことです。これも「風評」ではなく「実害」です。

ここまでは陸上、農業の話です。

では漁業、海産物はどうだったのか。

福島県の漁業の原発事故前後の比較

	震災前（平成22年）		震災後（令和３年）	
	全国	福島県	全国	福島県
海面漁業漁獲量（千トン）	4,122	79	3,194	63
海面漁業生産額（億円）	9,715	182	8,037	94

農林水産省　農林水産統計より

福島県の統計を見ると、震災前（２０１０年）：１８２億円 → 震災後（２０２０年）：94億円 と「海面漁業漁獲高」はほぼ半分に減少しています。

「すわ、風評被害ガー」と早とちりしてはいけません。

福島県の「海面漁業」（他には養殖、河川湖）は太平洋岸の漁港から漁船が出漁して行われます。

東日本大震災で、その太平洋沿岸部がどうなったのか思い出してください。地震と津波で徹底的に破壊されました。福島県では津波で２６８２人が亡くなり、２２６人が行方不明のままです。これは宮城県（死者１万３６５人）、岩手県（同４９７６人）に次ぐ甚大さです。漁港施設も破壊されました。

そのあと原発事故による強制避難が始まり、福島第一原発から半径20キロメートルの12市町村からは住民そのものがいなくなってしまいました。当然、漁業をする人もいなくなります。

農水省の「漁業センサス」を引用しましょう。福島県の漁業従事者の数。
原発事故前（2008年）：1743人 ↓ 原発事故後（2013年）：343人
と「海面漁業従事者」が激減します。これは漁業者も強制避難でいなくなったからです。太平洋沿岸部の強制避難が解除され始めた2018年には、1080人に回復した。それでも原発事故前を回復していません。避難をきっかけに、漁業そのものを止めてしまう人もいるからです。

福島県漁連に尋ねてみると、生産額が減った要因には

①地震・津波で港湾施設や道路が破壊された
②流通経路が事故前に回復しない
③漁業従事者そのものが避難でいなくなった・離職した

があるそうです。

単刀直入に「風評被害による売上の減少はあるのでしょうか」と聞いてみると「うーん」としばらく置いたあと「完全にゼロとは言えないが、かといってどれぐらいあるのかもわからない」という答が返ってきました。

実は、同じ言葉を全農福島でも聞きました。「都市部のスーパーや大規模店舗で、神経

質なお客が『福島県産食品を置くな』とクレームをつけてくることは完全にゼロとは言えない。が、それは全体から見ればごく少数だし、実際にあると確かめたわけではない。そういう客が来ると困るなあ、という話として出た」

全農福島の担当者も「海洋排水が始まったら、福島県の農産品の買い控えが起きるのではないか」と懸念していました。

「ＡＬＰＳ水は海に排水するんだから、陸地の米とか野菜、牛肉は関係ないのではないですか」と尋ねると、その全農福島の方は「同じ福島ということで、全部一緒くたにされる可能性がある。それが怖い」とおっしゃっていました。

放射性物質が残留した水を捨てるのは海なのに、陸上の食品までが、その買い控えの対象になってしまう可能性は捨てられない。たいへん切実なことだと思います。

結論。２０２３年8月24日以前、福島県産の農産食品、魚介類に「風評被害」は存在しません。あっても限りなくゼロに近い。

この時点ですでに、外務省がいうスローガン「STOP 風評被害」は虚偽だとわかります。存在しないものをストップすることはできません。

ということは、ＡＬＰＳ水の海洋排水が始まって、消費者が「福島県産の食品を買うのはやめよう」という買い控えがもし起きるなら、それは「政府・東電がＡＬＰＳ水を海洋排水したから」という結論に至ります。つまり、ＡＬＰＳ水の海洋排水が買い控えの原因なのです。

その時は、政府・東電が「風評被害を起こした犯人」なのです。

これは倒錯した話です。放火の常習犯が「火の用心～カチカチ　マッチ一本火事の元～」と訴えて夜回りしているみたいなケッタイな話です。

本当は……

風評被害はもうない。発生したら、それはＡＬＰＳ排水が原因である。

〈補足〉日本政府が使った誤導のレトリック

これは動画では話していないのですが、非常に重要な事実ですので、補足して書きます。私が非常に奇異に感じたのは、ALPS水の海洋排水が始まった日のテレビニュース、翌日の紙面が「約束は守られませんでした」という詠嘆で埋まっていたことです。語調の強弱の差はあっても「政府が漁業者との約束を破ってALPS水排水を始めた」という物語構造は似たりよったりでした。

この「約束」が指している取り決めも同じでした。2015年、政府（経産省）が福島県漁連に対して文書で伝えた「関係者の理解なしには、いかなる（汚染水）処分も行わない」という一節が根拠になっています。

残念ながら、新聞テレビはじめ「政府が約束を破ってALPS水排水を始めた」という主張は誤りです。なぜなら、政府は最初から何の約束もしていないからです。

調べてみたのですが、政府は「関係者の『同意』なしには、いかなる（汚染水）処分も行わない」とは一度も言っていない。ただ「関係者の『理解』なしには」と繰り返しているにすぎません。

まず「理解」と「同意」はまったく別の言葉だということを強調しておきます。

きょとんとしておられますか?

実はこれ、官僚言語や法律言語に慣れた人はすぐピンと来る話です。

もし仮に政府が「関係者の『同意』なしには、いかなる(汚染水)処分も行わない」と言ったなら、排水を始めるには、漁業者なりの同意の公知(記者会見など)や、合意文書の署名捺印など「合意した」という意思を形にしたものを得なければなりません。これは「契約」の考え方と同じです。

契約書は当事者の合意を文書にしたものです。条件が記され、両者が「これで納得しました」という署名・捺印をします。つまり「いつ、誰が、どういう条件で合意したのか」が明確です。

しかし「理解」には「いつ関係者が理解したのか」という一線がありません。それどころか「理解した・しない」は双方とも主観で決められます。どういう形になれば「理解したのか」は、契約書のような定形がない。わからない。

ALPS水排水が始まったあと漁業者が怒っても、政府は「一定の理解は得られた」「さらに理解を得るよう努力を続ける」と言えばいいだけです。

つまり、政府は最初から何の約束もしていないのです。「関係者の同意なしには」とは言っていないのですから。

「関係者の『同意』なしには」ではなく「関係者の『理解』なしには」という語句を使った時点で「汚染水処分の方法決定に、関係者の同意は必要ない」と政府は言外に言っているのです。つまり「関係者が反対しようと賛成しようと、政府が決めた通りにやります」と宣言しているに等しい。２０２３年8月24日、それが現実化したわけです。福島県漁連だけでなく全漁連も反対を崩さなかったのに、ＡＬＰＳ水は排水されました。

先に「外交言語では『何を言ったか』より『何を言わなかったか』のほうが重要」と述べました。この法則は官僚言語にも当てはまります（外交官は国家官僚です）。「同意」と言わず「理解」と言った時点で、政府の意図はわかるのです。

２０１５年当時この内容を聞いたとき、私は政府の意図に気づき「地元民や漁業者を無視するとは、ひどい話だ」と思いました。そして当然、漁業者がこの政府のトリックに気づいて交渉が難航すると思いました。漁業者が気づかなくても、弁護士や市民団体、マスコミ記者が問題視するものだと思っていました。

しかし、それから8年間、そんな動きはまったくなかった。
誰も気づかなかったのでしょうか。誰も漁業者にアドバイスしなかったのでしょうか。
気づかなかったのでしょう。だからALPS水排水が始まってもまだ「約束を破った」
記事・報道があふれるのです。最後までマスコミも騙されたまま（あるいは騙されたと知りつつ認めない）です。

2015年に「関係者の理解なしにはいかなる処分も行わない」と政府が言った時点で「こちらが同意しない限り、汚染水処理は行われない」と漁業者らが安心してしまったのかもしれません。

私の空想ではありません。海洋排水開始一週間後の2023年9月1日、西村康稔経産大臣が記者会見でこう発言しています（経産省HPより）。

「私ども、福島県漁連に対して発出した文書では、関係者の理解なしには処分は行わないということでお約束をしてきました。そして、何度となく意見交換を重ね、私どもの今申し上げたような予算措置なども含めて説明を重ねてくる中で、まず、全漁連の坂本会長からは、こうした政府の姿勢、漁業者に寄り添った姿勢、それから安全性、安全に対する対応など、そうしたことについて理解が進んできているということ。そして福島県漁連の野﨑会長、坂本会長共に、約束は果たされたわけではないけれども、破られてはいないということをおっしゃっていただきました。約束を果たし終えるのは、何十年かたった後に廃炉が完了し、処理水の処分が終わり、その時点で漁業が継続してなりわいが継続している、その時点で政府の約束は果たされると、そういう認識をお示しされました。私どもも同じ理解、同じ認識をしております」（傍線は烏賀陽）

大臣は「我が政府は『関係者の同意なく処分は行わない』とは言っていない。あくまで『理解なしには』である」と最初にこれまでのトリックを反復します。「われわれ日本政府は『合意なしには』とは言っていない。『理解なしには』と言ったのです。よろしいですね？」と冒頭で確認している。

漁業者側は混乱したままです。「約束は果たされたわけではないけれども、破られてはいない」と意味不明な日本語です。もともと「理解」という言葉が「どうなれば理解したことになるのかの一線が存在しない」トリックワードなのですから「約束」が守られているのか破られたのかすら、漁業者には判断がつかないのです。

西村大臣は続けます。

「今、私たちは約束を果たし続けている、漁業者の皆さんのなりわい継続のためにそうした努力を続けてきている。全てが果たされるのは、処理水の処分が終わり、廃炉が完了するその時点で漁業が継続していることということだと思いますので、これからも約束を果たし続けたいと思います。そうした理解の下で、共通認識の下で約束は破られていないというお言葉を、野﨑会長も坂本会長も言われましたので、私は関係者の一定の理解は得たと判断をして今回の処分、放出に至ったわけであります」（傍線は烏賀陽）

「私たちは約束を果たし続けている」「これからも約束を果たし続けたい」という表現は日本語として珍妙です。もともと「理解」に客観的基準はないので、政府が好きなようにいじり、解釈できるのです。そして混乱したままの漁業者の「約束は果たされたわけではないけれども、破られてはいない」という言葉の後半だけを切り取って強引に解釈し「関係者の一定の理解は得た」と、無理やり着地させてしまいます。

このレトリックに国民側が騙されている実例が公的文書に残っていますので、引用しましょう。

ＡＬＰＳ小委員会が２０２０年2月に公表した報告書には、各地で開いた説明・公聴会で出た意見や質問への回答が表に列挙されています。その第一項目が「ＡＬＰＳ水の約束」に関するものです。

問：経済産業省からは「関係者の理解なしには、いかなる処分も行いません」との回答を得ている中、国民理解を得ずしての海洋放出には反対する。

答：政府には、本報告書での提言に加えて、地元自治体や農林水産業者を始めとした幅広い関係者の意見を丁寧に聴きながら、責任と決意をもって方針を決定することを期待する。その際には、透明性のあるプロセスで決定を行うべきである。方針の決定後も、国民理解の醸成に向けて、透明性のある情報発信や双方向のコミュニケーションに長期的に取り組むべきである。

質問者は経産省の誤導的レトリックにまんまとハメられています。「理解が必要だと政府が言ったのだから、国民的理解を得よ」と主張しています。「理解」イコール「同意」

だと勝手に解釈して気づかない。

国民がどうなったら「国民的理解」を得たことになるのでしょう。おそらく質問者もわかっていません。そこに落とし穴があることすら気づかない。「しめしめ、引っかかってるな」。私が経産省の役人なら、心のなかでほくそ笑むでしょう。

案の定、小委員会は「国民理解の醸成に向けて、透明性のある情報発信や双方向のコミュニケーションに長期的に取り組むべき」と言います。ゴチャゴチャした修辞語がついてますが、要するに「さらに理解してもらえるよう、アレコレもっとがんばる」と言っているにすぎません（厳密には小委員会は政府機関ではないので、間接的な表現になっています）。

これは壮大な「騙しのレトリック」です。控えめに言っても、相手を混乱させ、誤解に導くワナをしかけた「誤導」（ミスリード）です。

そもそも、ALPS水を海洋排水するという歴史的な政策決定に、このような罠を仕掛ける政府は、極めて不誠実です。

しかし、漁業者はじめ一般国民に、このトリックを見破る力を期待するのは無理がある。

本来ならば、こうした官僚言語に習熟し、国民に「政府は字面ではこう言っていますが、真意はこういう意味ですよ」と「翻訳」してあげるのは新聞テレビの重要な仕事のはずです。それこそが「権力監視」なのです。

国家官僚が従うルールは、法律です。法律用語を使いこなせないと、官僚の日々の業務は回りません。国家官僚に法学部出身者が多いのはそのためです。法律言語と官僚言語は実は大きく重なるのです。

新聞テレビ記者が省庁や官僚に直に取材できる特権（記者クラブ制度）を持っているのは本来、こうした官僚言語に習熟し「合意ではなく理解と言っている点は要注意ですよ」と国民に警告するためです。しかし企業マスコミ記者は人材が劣化し、そういう意思も能力も、もはや失っています。

漁業者は反対しているのに、ＡＬＰＳ水は海洋排水された。しかし政府は約束を破ったことにならない。

これは政府側の勝利です。報道と国民側の完敗です。

こんな壮大な騙しのトリックを警告できないマスコミしか、原発事故という歴史的クライシス時に、日本社会は持っていない。

なんと不運、なんと不幸なことかと思います。

(注)原発事故から2021年3月まで、福島県漁協が行う漁は「試験操業」と呼ばれました。
・放射性物質のモニタリング検査結果から、安全が確認された魚種や海域に限定する。
・小規模な操業と販売を試験的にする。
・出荷先での評価を調査して、福島の漁業再開に向けた基礎情報を集める。

つまり、本格的な再開に向けたテスト操業が「試験操業」です。終了後も「福島第一原発から半径10キロメートルの海域」は、依然、操業自粛が続いています。

ALPS水
Advanced Liquid Processing System
12のウソ

❽

「ＡＬＰＳ水に放射性物質はトリチウムしか残っていない」

「福島第一原発の原子炉から出てきた水を、ＡＬＰＳにくぐらせると、トリチウム以外には放射性物質が残らない」という言説があります。これも真っ赤なウソです。信じないでください。

ところが、これが意外に理解されていない。本気で信じている人がけっこういる。ひどいマスコミ、論者になると「海洋排水されるのはトリチウム水」などとムチャクチャなことを言います。

排水されるのは「トリチウム＆そのほかの放射性物質が混じっている水」です。一方、「トリチウム水」はトリチウムだけでできている水（T_2O）のことです。

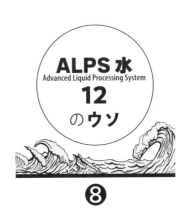

原因ははっきりしていています。経産省が「ALPS水には放射性物質はトリチウムしか残っていない」という誤謬あるいは誤導を公表し、新聞テレビがそれを検証もせずに拡散したからです。

その結果、マスコミには「ALPS水＝トリチウム水」という誤謬が頻出します。

新聞・テレビ記事のデータベースである「Gサーチ」を「トリチウム水」で検索してみると、なんと392件もヒットします。その「間違えた数ランキング」を公表しましょう。

①産経新聞：66
②毎日新聞：49
③NHK：43
④朝日新聞：40
⑤読売新聞：36
⑥民放合計：128（平均25・6）
⑦共同通信：22
⑧時事通信：8

こうなると、新聞テレビとも「総崩れ」と言わざるを得ません。残念ながら、わが国の主流マスコミには、政府のプロパガンダを見抜く能力や意思はなさそうです（あるいは積極的に協力しているのかもしれません）。

「ＡＬＰＳ水にはトリチウムだけではなく、セシウムやストロンチウムの放射性物質が残留している」。

この事実を私がどこで知ったか。別に政府や東電の極秘文書を入手したのではありません。東京電力がウェブサイトで公開している「多核種除去設備出口の放射能濃度」を見ればそう書いてあるのです。

早い話、これは「ＡＬＰＳの蛇口から出てくる水の成分分析」です。

次ページの表は２０２３年6月30日公開のチャートです。セシウム１３７の例です。横軸は年月日、縦軸は濃度（1リットルあたりのベクレル数）です。

「既設ＡＬＰＳ」「高性能ＡＬＰＳ」「増設ＡＬＰＳ」と3種類あるのは、この３つを並列で使うからです。３重にろ過するという意味ではありません。

右下隅に注目してください。２０２３年6月30日現在、ＡＬＰＳを通した水でも、1リットルあたり0・1〜1ベクレルのセシウム１３７が残留しているのがわかります。

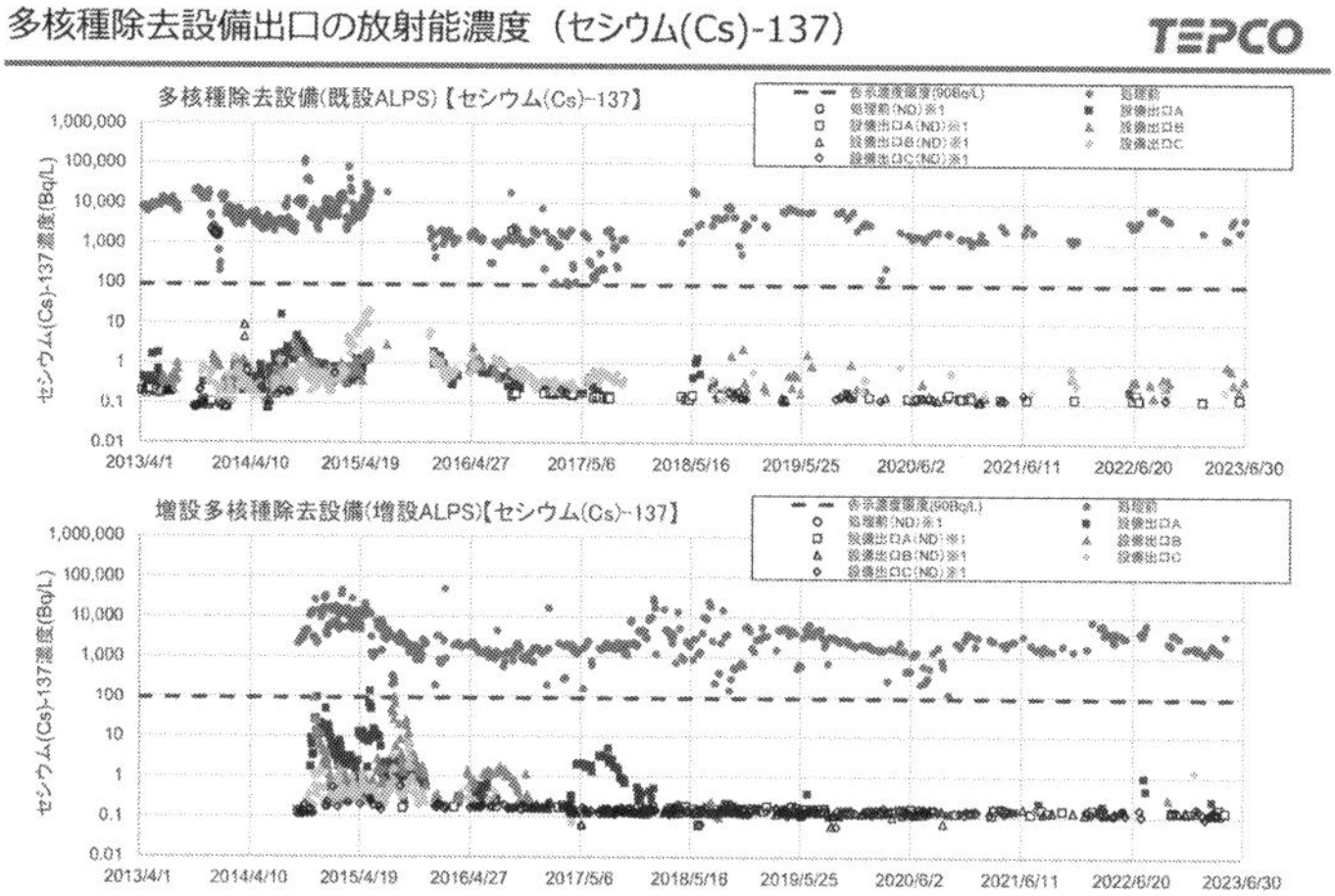
多核種除去設備出口の放射能濃度（セシウム(Cs)-137）
TEPCO
多核種除去設備(既設ALPS)【セシウム(Cs)-137】
告示濃度限度(90Bq/L)
処理前(ND)※1
設備出口A(ND)※1
設備出口B(ND)※1
設備出口C(ND)※1
処理前
設備出口A
設備出口B
設備出口C
セシウム(Cs)-137濃度(Bq/L)
1,000,000
100,000
10,000
1,000
100
10
1
0.1
0.01
2013/4/1
2014/4/10
2015/4/19
2016/4/27
2017/5/6
2018/5/16
2019/5/25
2020/6/2
2021/6/11
2022/6/20
2023/6/30
増設多核種除去設備(増設ALPS)【セシウム(Cs)-137】
告示濃度限度(90Bq/L)
処理前(ND)※1
設備出口A(ND)※1
設備出口B(ND)※1
設備出口C(ND)※1
処理前
設備出口A
設備出口B
設備出口C
セシウム(Cs)-137濃度(Bq/L)
1,000,000
100,000
10,000
1,000
100
10
1
0.1
0.01
2013/4/1
2014/4/10
2015/4/19
2016/4/27
2017/5/6
2018/5/16
2019/5/25
2020/6/2
2021/6/11
2022/6/20
2023/6/30

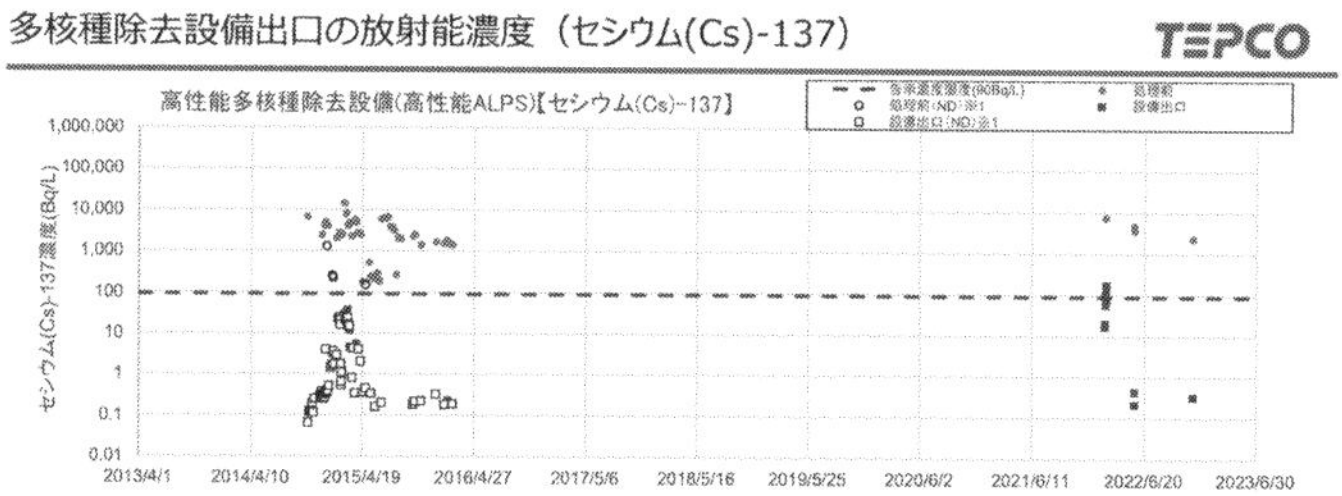
多核種除去設備出口の放射能濃度（セシウム(Cs)-137）
TEPCO
高性能多核種除去設備(高性能ALPS)【セシウム(Cs)-137】
告示濃度限度(90Bq/L)
処理前(ND)※1
設備出口(ND)※1
処理前
設備出口
セシウム(Cs)-137濃度(Bq/L)
1,000,000
100,000
10,000
1,000
100
10
1
0.1
0.01
2013/4/1
2014/4/10
2015/4/19
2016/4/27
2017/5/6
2018/5/16
2019/5/25
2020/6/2
2021/6/11
2022/6/20
2023/6/30

東京電力 HP より

東京電力は、他の核種（セシウム１３４、ストロンチウム90、コバルト60、アンチモン１２５、ルテニウム１０６、ヨウ素１２９、マンガン54、ストロンチウム89、テクネチウム99、炭素14、ロジウム１０６）もデータをグラフにして公開しています。

どれも大体水1リットルあたり0・1〜1ベクレル、多いものでは5〜10ベクレルぐらい残ってます。ですから「ＡＬＰＳ水にはトリチウムしか放射性物質は残っていない」という言説はウソです。これは東電だけでなく、マスコミや経済産業省がよく使うディスインフォメーションです。

私がどこでこれに気づいたかというと、福島県富岡町にある東電の施設「廃炉資料館」なんです。２０２０年、壁にこのグラフが展示してあった。よく見たら「ストロンチウムもセシウムもゼロじゃない。残ってるよ」と書いてあるじゃないですか。

びっくりしました。案内してくれた東電の男性社員に「これって、ストロンチウムとかセシウムとか、残留してますよね」って恐る恐る聞いたら「その通りです」とうなずかれた。

こうしたセシウムやストロンチウムを地表から除去するため「すべての地表を剥ぐ」ような大規模な「除染」が行われてきたのを、私は目撃していました。そうして「地表を覆った放射性物質を集めて閉じ込める」作業が行われる一方で、それをまた海洋にばらまく作

国道6号から見た福島第一原発。手前は中間貯蔵施設
2020年10月　烏賀陽撮影

業が検討されている。

「大丈夫ですか、海に捨てて」と聞いたら「政府の基準を満たしております」と胸を張った。誠にあっぱれな模範解答です。見事な愛社精神であります。

「廃炉資料館」は福島第一原発から南に10キロメートルほどしか離れていません。ついさっきまで同原発を横目に車で走っていただけに、深く印象に突き刺さりました。

(注)ALPS水排水が始まったあとの2023年10月に「廃炉資料館」を再び訪れてみると、例のセシウムやストロンチウムのグラフ展示は消え、代わりに「トリチウムはいかに安全か」を印象づけるイメージ画像がガンガン流れていました。

廃炉資料館。事故前は「原子力エネルギー館」だった。メルヘンチックな建物。
2020年10月　烏賀陽撮影

この「トリチウム以外の放射性物質がどれぐらいＡＬＰＳ水に残留しているのか」を東電の資料で読み込んでいて、私は首をひねりました。

「ウラン」と「プルトニウム」の名前が出てこないのです。

公開されているチャートには「セシウム１３７、セシウム１３４、ストロンチウム90、コバルト60、アンチモン１２５、ルテニウム１０６、ヨウ素１２９、マンガン54、ストロンチウム89、テクネチウム99、炭素14、ロジウム１０６」しか出てこない。

福島第一原発の燃料棒集合体は、１ユニットあたり長さ４・５メートル、重さ

250キログラムもあります。通常の使用済み核燃料には、燃え残ったウランと、核分裂で新たに生まれたプルトニウムが約95~97パーセントも含まれています。つまりウランとプルトニウムが大量にある。

福島第一原発の核燃料に含まれる放射性元素はウラン238です。これに中性子を当てて核分裂を人工的に起こし、その熱エネルギーでお湯を沸かす。タービンを回す。電気ができる。ウラン238は核分裂してプルトニウム239になる。日本にある原発の仕組みを調べたことのある人間なら、常識に属する話です。

東日本大震災が起こって原子炉内の核分裂反応を急停止させたのですから、分裂前のウラン238と、分裂後のプルトニウム239が原子炉内に大量に残っているはずです。

汚染水は、それが溶けたデブリをくぐって出てきます（以上はメルトダウンした3つの原子炉のうち1、2号機の話。3号機は、最初からウランとプルトニウムを混合したMOX燃料を使っていました）。それを処理して出てくるのがALPS水なら、ウランやプルトニウムが含まれていないか、調べるのが当然ではないか。

東京電力に問い合わせてみました。答を簡略に箇条書きします。

・測定・評価しているのは合計29核種。
・そこにはウラン234と238、プルトニウム238、239、240、214が含まれる。

ああ、よかった。ちゃんとウランやプルトニウムも測ってくれているのですね。

「では、測定したプルトニウムとウランの値は、公表されていないのですか」と東電に聞いてみますと「全アルファ」としてまとめて記述してあるとの由。

え？　「全アルファ」？　そんな日本語は聞いたことがありません。一体なんですか、それは。

尋ねると「α線を出す放射性物質」（測定対象ではウラン、プルトニウムのほかネプチウム237、アメリシウム241、キュリウム244）をひっくるめて、α線をまとめて計測している、とのことでした。ああ、確かに「全アルファ」というチャートがありました（ベクレルは放射線の強弱の単位です）。

うーん。ややこしい。それなら「ウラン、プルトニウムも計測しております。その結果はコレコレ」と書いてくれればいいのに。

なぜそう書かないのですか、と食い下がると「計測限界値以下だからです」。ちなみに

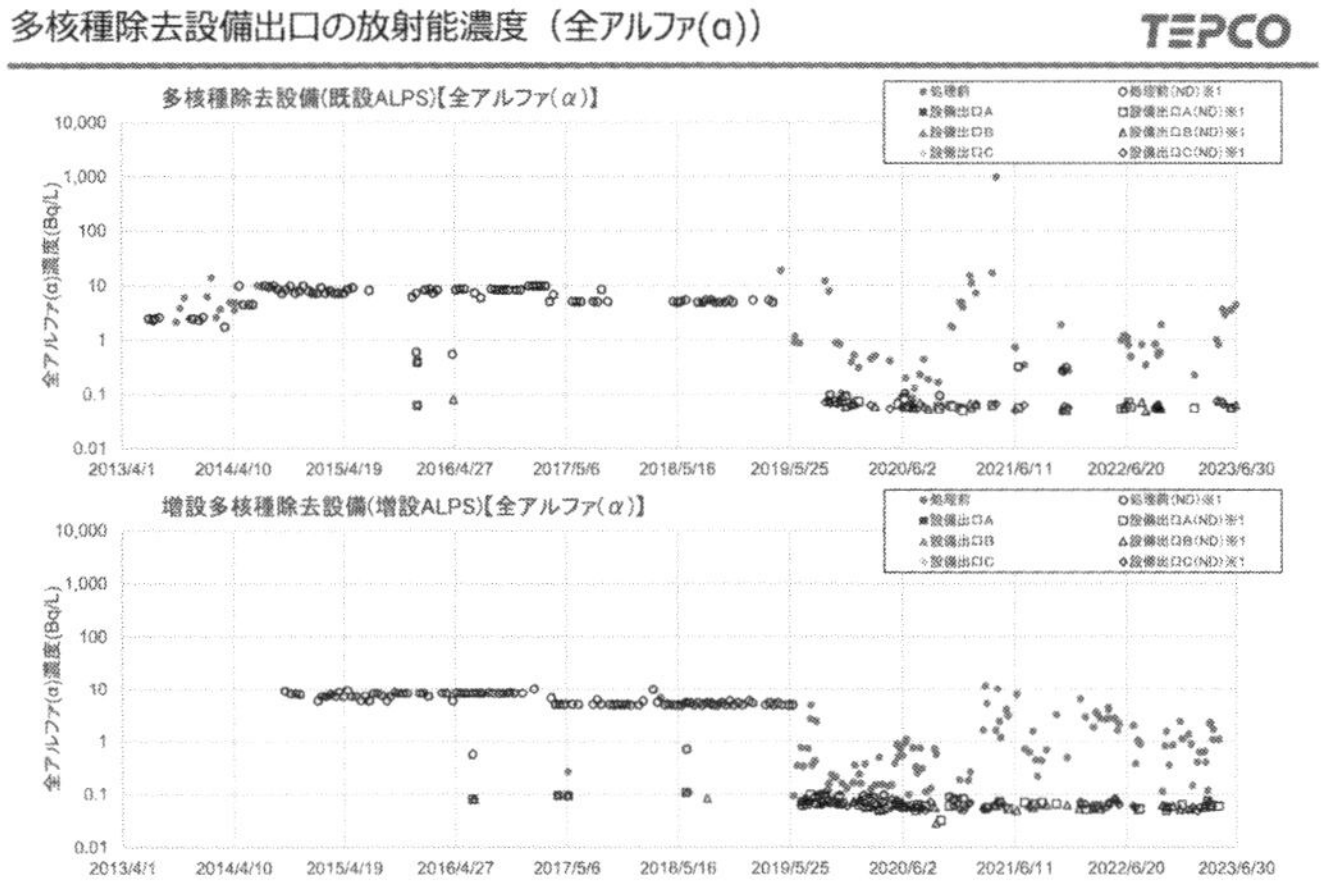

東京電力HPより

その計測限界値とは？「1リットルあたり2・1×10マイナス2乗ベクレル（100分の2・1ベクレル＝0・021ベクレル）です」。ではゼロではないのですね？「そうとは言えません」。

うーん。じゃあ、ウランやプルトニウムも完全にゼロとは言えないんだ。心配です。

よくある誤解なので注意喚起しておきます。「放射性物質Xは検出限界値以下」は「放射性物質Xはゼロ」を意味しません。「微量すぎて、あるのかないのか、わからない」という意味です。ですから前述の東電の回答も「ゼロとは言い切れない」と答えています。

身も蓋もなく言ってしまえば、1リットルあたり0・021ベクレル以下の微量のα線放射性物質があっても、測定をすり抜けて海洋に出ていくということです。

「そんなに微量ならいいじゃないか」

それは乱暴すぎる。なにしろタンクの中にある汚染水の量は１６０万立方メートルです。１リットルあたりでは０・０２１ベクレル以下でも、総量としては莫大なものになる。それが「検出限界値以下」で測定をすり抜けて海洋に放出されたなら、総量として環境に与える負荷は非常に大きいはずです。

ここで発表資料に「ウラン」「プルトニウム」という言葉を出さない東京電力の情報公開に、私は疑問を感じます。ウランもプルトニウムも、人体に入ると（体内被曝）毒性が強く、半減期が長いことが知られています。決して原子炉から外に出てはならない物質です。それが海洋に出ていく可能性がある。

「ＡＬＰＳ水にウランやプルトニウムが出ているかどうか、チェックしています」というだけで、人々は驚くでしょう。そして恐怖を持って思い出すでしょう。「そうだ、原子炉の中には溶けたウランやプルトニウムがあって、それに触れた水がＡＬＰＳ水の元なのだ」と。ウランとプルトニウムはヒロシマ・ナガサキで使われた核爆弾の原材料でもあります。世論にとって、その名前はタブーなのです。

思い出してください。日本の電力会社は核分裂が済んだあとの核燃料棒を「使用済み核燃料」と呼びます。決して「プルトニウム」の言葉は入れません。

東電の発表資料は、見る人の注意をトリチウムなど他の核種に誘導し、ウランやプルトニウムの存在を忘れさせる「フレーミング効果」（後述）が仕掛けてあると私は考えます。下衆の勘ぐりにすぎないことを祈りますが。

２０１１年9月には飯舘村、浪江町、双葉町の土壌からプルトニウム２３８（1平方メートルあたり0・82ベクレル）と同２３９・２４０（同2・5ベクレル）が文科省の調査で発見されて大騒ぎになったことがあります。この三町はいずれも福島第一原発から北西方向、特に飯舘村は45キロメートルも離れています。

プルトニウムが出すα線は透過力が弱いので、外部被曝ではたいして問題にならない。ところが、体内、特に肺に入ると強い発がん性を持ちます。本来原子炉から出てはならないはずなのに、原発から45キロメートルで見つかるというのは、かなりの異常事態です。

ウランやプルトニウムが出すα線は、紙一枚でもブロックできるぐらい透過力が弱い。ゆえに人間の体内にほとんど到達しない。「外部被曝」としてはあまり問題になりません。

ところが、消化器・呼吸器などから人間の体内に取り込まれてしまうと、α線は細胞中の水分を電離し、細胞分子に損傷を与え、DNAを壊す（細胞もDNAも自己修復機能を持っていますから、壊れるイコール病気になるではありません）。つまり内部被曝としてはα線の方がβ、γ線よりコワイのです。プルトニウムが強い発がん性を持つのもこの性質ゆえです。

放射線が人体に与える影響を数値化する計算式が、国際放射線防護委員会（ICRP）などで決められています。

その計算式では、α線はγ線（X線も）やβ線の20倍の数字をかけます（『放射線加重係数』という）。つまりα線は人体に与える影響がγ、β線の20倍大きいということになります。

本来、放射線が人体に与える影響は、α、β、γ、中性子、核分裂片、中性子など「放射線の種類」によって大きく変わります。分析の結果を待たなければなりませんが、福島第一原発のメルトダウンした三つの原子炉には、あらゆる放射線を放つ核物質がごちゃまぜになっているはずです。日本政府のいう「安全基準」にはこの区別がありません。全部ひっくるめて「放射性物質」なのです。20倍の開きがあるものを一緒くたにするのですから、ものすごく雑な基準というべきでしょう（後述）。

まして海に放出するＡＬＰＳ水なら、原子炉内にあるα線を出す放射性物質＝ウラン、プルトニウムはもっと徹底的に計測すべきではないのか。

飯舘村や浪江町でプルトニウムが見つかったとき、誰もそれを予測できませんでした。発見前「プルトニウムは重いから飛ばないのだ」とマジメにマスコミで言った「学者」もいました。「測定限界以下だからいいんだ」と思ったウランやプルトニウムが、排水後、広い海洋のどこかで検出される可能性を、完全に否定することはできません。

話を戻します。「検出限界値以下」は「ゼロ」を意味しません。ということは、ウラン、プルトニウムすらゼロとは言えない。そのほかの核種は1リットルあたり0・1〜1ベクレル残留している。それを考えると「ＡＬＰＳ水には、トリチウムしか放射性物質は含まれていない」という言説が、いかに荒唐無稽かわかります。誤謬であるだけでなく、危険ですらある。絶対に信じないでください。

なぜ「ＡＬＰＳ水には放射性物質はトリチウムしか残っていない」という誤謬が広まったのでしょうか。

２０１３年、経産省（また原子力規制委員会ではなく経産省なのです）は汚染水の処理について学識者のタスクフォースを作ります。まずその名称が「トリチウム水タスクフォー

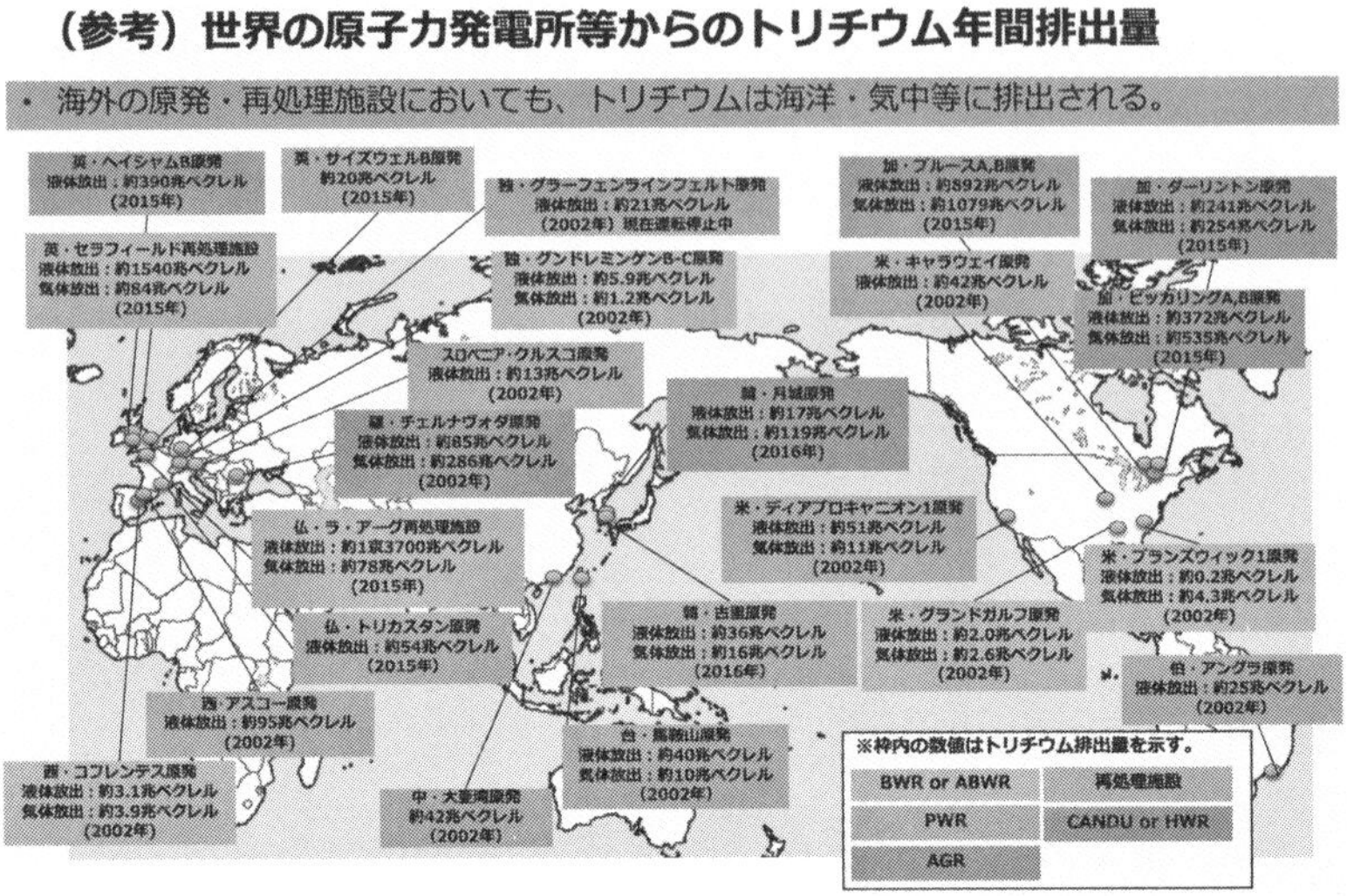

経産省がALPS小委員会に提出した資料より

ス」なのです。その議事録を読むと、議論が最初から「トリチウムしかない」という前提で始まっています。その前提はそのまま「ＡＬＰＳ小委員会」に引き継がれます。

思い出してください。小委員会で検討された5つの処理方法のひとつに「水素放出」があります。これは実はトリチウム除去の方法なのです。

つまり「タスクフォース」→「ＡＬＰＳ小委員会」の議論は前提から「トリチウムしかない」という誘導が仕掛けてある。

そして２０１８年5月18日、経産省は「トリチウムの性質等について」という資料をＡＬＰＳ小委員会に出します。

これが後々、マスコミに引用されまく

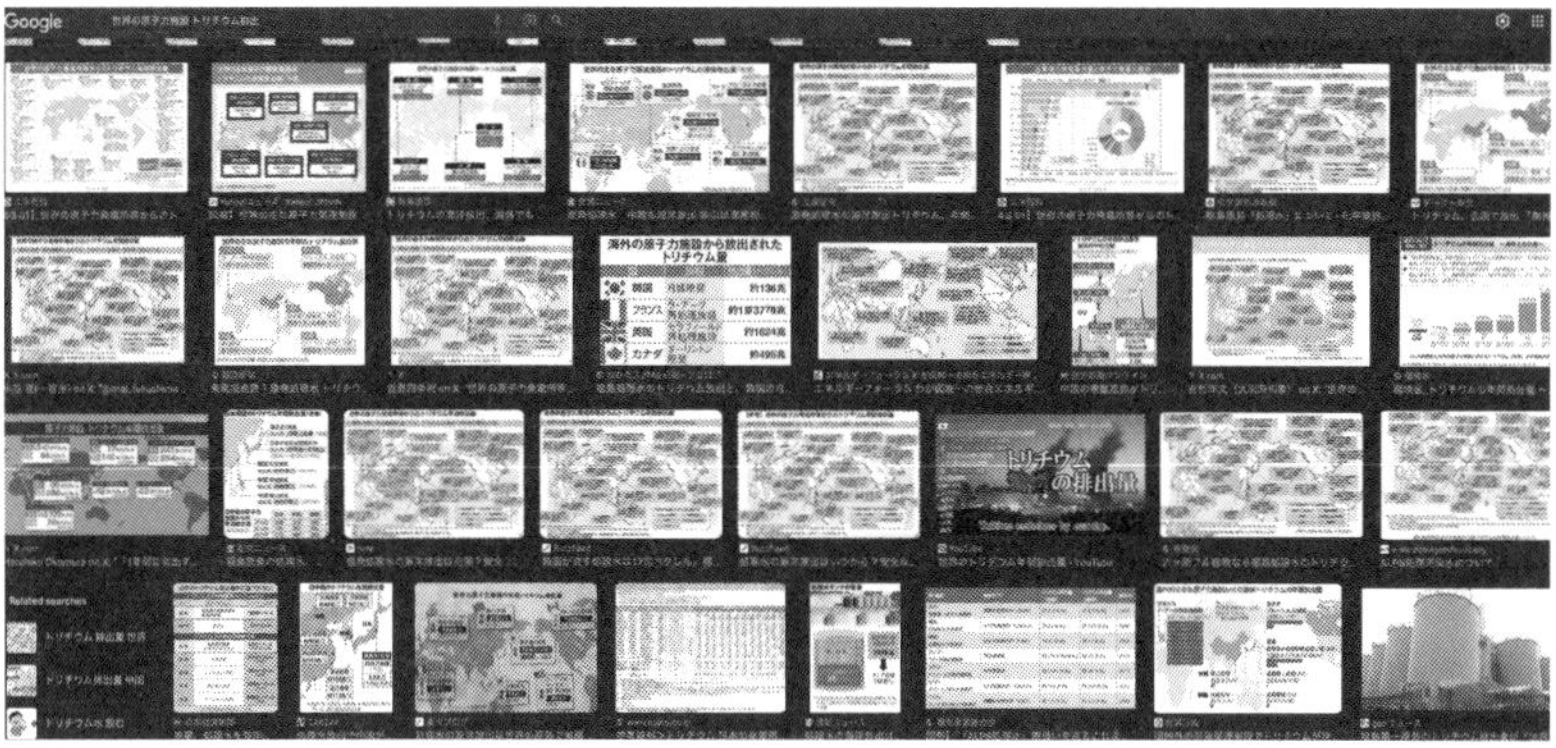

Google で画像検索すると、マスコミが経産省資料をコピーして使っている例が大量に出てくる

り「世界のほかの国々でもトリチウム水の海洋排水をやっている。だから福島第一原発でやってなぜ悪い」という悪しき開き直りの発生源です。

もう一度確認しますが「ＡＬＰＳで処理した水には放射性物質はトリチウムしか含まれない」はウソです。誤りです。決して信じてはいけません。

セシウムもストロンチウムもコバルトも、残留しています。

「それでも海に流していいんだ」と日本政府・東電が言い張る理由は「トリチウム以外の放射性物質は、政府基準以下だから」です。

この政府基準のウソくささは後で詳しく述べます。

このチャートを経産省が出して以後、新聞・テレビのみならずネットニュースでも「世界のほかの国々でもトリチウム水の海洋排水をやっている。福島第一原発でやってなぜ悪い」論が、経産省チャートを引用しながら、洪水のように出てきます。

試しに「世界の原子力施設」「トリチウム排出」をキーワードにGoogleを画像検索してみました。するとまあ、出るわ出るわ。

「経産省資料より」という注釈をつけて、産経新聞、読売新聞、日経新聞、ＮＨＫなど全国メディアに「世界中でやっている海洋放出」記事がドカドカ出ます。新潟日報、静岡新聞といった地方紙や「Buzzfeed」などネットメディアも例外ではありません。ツイッターやYouTubeといった個人メディア（ＳＮＳ）に至ってはムチャクチャです。

ほとほと日本人は「他の人がやっているから、自分もやっていい」という弁明が好きなようです。これほど世界の国がトリチウムを海に捨てているなら「海洋環境にこれ以上負担をかけないように、せめて日本はやめておこう」と考えるのが環境保護、いや、それどころか「人倫」というものだと思うのですが、マスコミも世論も真逆に突き進みます。

「世界でみんなやってる」説は、まず地元福島への説明に経産省が使います。次に掲げるのは２０１９年11月27日の読売新聞朝刊です。


東京電力福島第一原発廃炉について、関係市町村の住民代表らが話し合う「廃炉安全確保県民会議」が26日、福島市内で開かれ、海外の原子力施設では、放射性物質トリチウムを含む水が海洋放出されている実態が報告された。

会議は県が主催。経済産業省の担当者が、欧米や中韓などの原子力施設におけるトリチウムを含む水の年間排出量を紹介した。2015年実績で、フランスの再処理施設は約1京3700兆ベクレル、英国の施設は約1540兆ベクレルを海洋放出しており、福島第一原発のトリチウム量約860兆ベクレルの16〜1・8倍だった。専門家は「(福島第一は)他の施設と大差ないか、むしろ少ない」と指摘した。

さらにこの経産省のチャートは、政府広報にも頻繁に登場します。

次ページの画像は、復興庁が作っている「福島県の『今』を伝える復興支援ポータルサイト　福島の今」です。ここに「ちゃんと知っておきたいトリチウムのこと」というページが登場します。

そしてやはり経産省のデータをもとに「世界中でトリチウムの海洋排水をやっているが、トリチウムが原因とされる影響は見つかっていない」という説を展開します。

復興庁は経産省とは同じ日本政府の省庁ですが、別の役所です。原発事故被害地地元と直接やりとりする窓口です。ということは、この「世界中でトリチウムを捨てているから福島第一でやっても安全」という言説は「政府一丸」のプロパガンダになったようです。

この経産省のチャートを「論拠」に、読売新聞や産経新聞は中国や韓国にケンカを売り

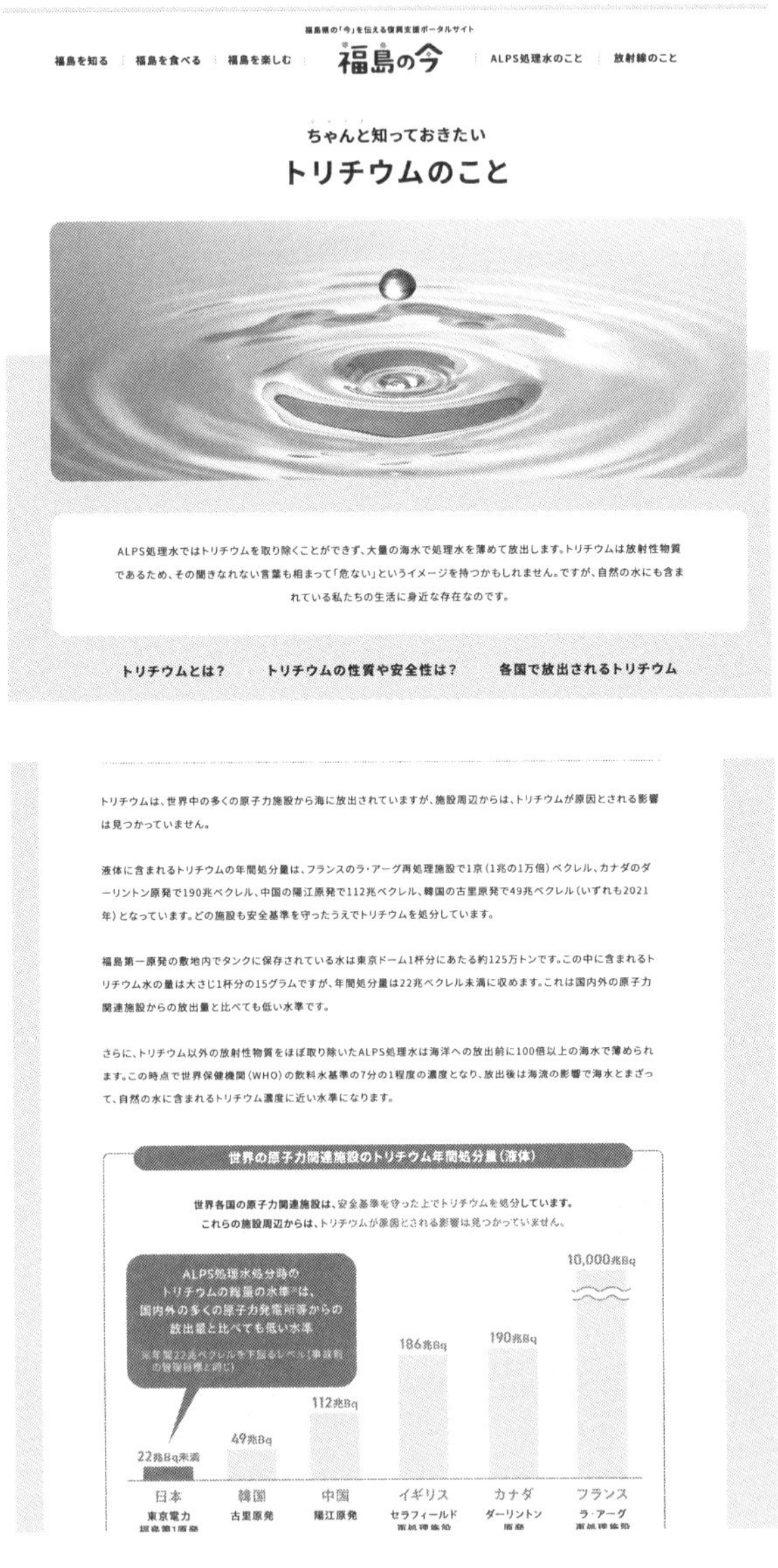

福島原発の処理水、中露は「放射能汚染水」と国際問題化画策　誤解払拭になお課題

2023/3/27 22:03 白岩 賢太

ツイート　反応

ライフ　科学　地方　北海道・東北　福島

日本周辺のトリチウム年間放出量（液体）

日中韓の原子力施設からの年間放出量（単位は兆ベクレル）

	日本	中国	韓国
2010年	370	215	295
2018年	110	832	202
2019年	175	907	205

※経済産業省の資料を基に作成

東京電力福島第１原子力発電所から発生した処理水を海洋放出する計画を巡り、先の中露首脳会談の共同声明は処理水を「放射能汚染水」と表現、国際問題化しようとする意図が垣間見えた。今夏にも迫る計画実行に向け、国際社会の誤解を解くとともに、風評被害対策や計画への理解を進めるため、改めて科学的で丁寧な説明が求められている。

↑ 2023年3月27日
産経新聞ウェブ版

新着　社会　政治　経済　スポーツ　国際　地域　科学・IT　エンタメ・文化

ホーム ＞ ニュース ＞ 国際

中国の複数原発がトリチウム放出、福島「処理水」の最大６・５倍…周辺国に説明なしか

2023/06/23 05:00

この記事をスクラップする

中国が国内で運用する複数の原子力発電所が、今夏にも始まる東京電力福島第一原子力発電所の「処理水」の海洋放出の年間予定量と比べ、最大で約６・５倍の放射性物質トリチウムを放出していることが、わかった。日本政府が外国向けの説明用に作成した資料から判明した。中国政府は東電の処理水放出に強く反発し、官製メディアも動員した反対キャンペーンを展開している一方で、自国の原発はより多くのトリチウムを放出している。

トリチウムの年間排出量を巡る日中の比較
※日本政府が外国向けの説明用に作成した資料に基づく

日本政府は、中国の原子力エネルギーに関する年鑑や原発事業者の報告書を基に資料を作成した。それによると、２０２０年に浙江省・秦山第三原発は約１４３兆ベクレル、２１年に広東省・陽江原発は約１１２兆ベクレル、福建省・寧徳原発は約１０２兆ベクレル、遼寧省・紅沿河原発は約９０兆ベクレルのトリチウムを放出していた。東電は、福島第一原発の年間放出総量を２２兆ベクレル以下に抑える計画で、放出後のトリチウムの濃度は、世界保健機関（ＷＨＯ）などの基準をはるかに下回るとしている。

中国政府は福島第一原発の「処理水」放出を「一方的に強行しようとしている」（中国外務省報道官）と反発し、官製メディアも連日、「日本は世界の海洋環境や公衆の健康を顧みない」（共産党機関紙・人民日報）などの主張を展開している。だが、日本政府関係者によると、中国は自国の原発のトリチウム放出について、周辺国との間で合意はなく、説明もしていないという。

← 2023年6月23日
読売新聞ウェブ版

ます。

もともと、国内問題で済んでいた福島第一原発の汚染を海洋排水によってわざわざ国際問題にしたのは日本政府なのですから、日本側に中国や韓国を糾弾する資格はありません。「盗人が強盗を諭す」ような話です。

まず日本のマスメディアは「陸上処理できたのに、海洋排水した」日本政府を検証し批判しなくてはならない。しかし読売・産経新聞はそういう論調は構えません。中国や韓国を「お前もやってるくせに」と非難します。よほど日本政府への忠誠心が厚いのでしょう。

わざわざＡＬＰＳ水を海洋排水して、国内問題にとどまっていた放射性物質汚染を国際問題にしてしまっただけでも大失敗なのに、そのうえ隣国に敵対的な論調を構える。これは国際政治上さらにマイナスを重ねることにほかなりません。国益に反します。

それにしても地元説明、マスコミ、政府広報と、まあ洪水のような「トリチウムしかないんだ」「他国でもやってるから福島第一でやってもいいんだ」の大合唱です。頭がクラクラしてきませんか。

「単純なフレーズを何度も何度も反復すると、人々はそれを信じるようになる」はプロパガンダの大原則のひとつです。

政府・マスコミがこれだけ大規模なプロパガンダを展開すれば、真に受ける人が多く出るのもむべなるかなです。

頭が疲れてきたでしょうから、ここでいったんまとめておきましょう。

「ALPSから出てくる排水＝ALPS処理水には、放射性物質はトリチウムしか残っていない」＝まず一回目のウソ。

↓

「トリチウムしか残っていない水だったら世界中の原発が海に捨てている」＝後述しますが、二回目のウソです。

↓

だから福島第一原発でも海に捨ててもいいんだ。＝誤謬を二回重ねていますので、結論は当然間違いです。

滑稽なのは、こうした「トリチウム排水は世界でやってる」論を叫ぶ人たちが、福島第一原発事故そのものが海洋にばらまいた莫大な量の放射性物質のことをきれいさっぱり忘

UNSCEAR による　海洋環境への Cs137 放出の推定量

発生源	期間	Cs137 の放出量
大気からの沈着	2011 年 3 月	5PBq~11PBq
福島第一原発からの直接放出	2011 年 3 月 ~5 月 2011 年 6 月 ~2012 年 2 月 2012 年 2 月 ~2015 年 10 月 2015 年 10 月以降	3PBq~6PBq 40TBq 19TBq 0,5TBq/ 年
河川からの流入	数年	5PBq~10TBq/ 年
浜辺の下の地下水	数年	0.6TBq/ 年

PBq：ペタベクレル　TBq：テラベクレル

れている（あるいは知っていても見て見ぬふりをしている）ことです。

同事故が海洋や大気中にばらまいた放射性物質の量は、国連機関である「原子放射線の影響に関する国連科学委員会」（ＵＮＳＣＥＡＲ）が詳細な報告書を出しています。日本語版もネットで読めます（２０２０年／２０２１年報告書・第Ⅱ巻科学的附属書　Ｂ：『福島第一原子力発電所における事故による放射線被ばくのレベルと影響：ＵＮＳＣＥＡＲ２０１３年報告書刊行後に発表された情報の影響』）

放射性物質はすべてセシウム１３７を例に取っています。日本政府が「人体に害はない」と言い張るトリチウムではありません。

大気から海洋に沈着した（降った）セシウム１３７の量は、２０１１年3月だけで5～11ペタベクレルです。いいですか、単位はペタベクレルです。ペタ。テラは１兆。ペタは

1000兆です。みなさんがパソコンで使う1テラバイトのハードディスクを1ペタバイト分集めると、1000台。厚さ2センチとして、積み上げると20メートル、6階建てビルぐらいの高さになります。

目立つ数字を拾ってみましょう。

大気からの沈着：2011年3月だけで　5～11ペタベクレル。
直接放出：2011年3～5月だけで　3～6ペタベクレル。
河川からの流入：数年で10テラ～5ペタベクレル。

さて、さきほど読売新聞や産経新聞が「けしからん」と糾弾した中国や韓国の原発の海洋排水を読み返してください。単位はどれも「兆＝テラベクレル」です。

福島第一原発はペタベクレル単位。つまり単位が1000倍違う。しかもばらまいた放射性物質の種類が全く違うのです。「世界でやってるから福島第一原発でもやっていいんだ」論がバカみたいに思えてきませんか。放射性物質による海洋汚染という点では、福島第一原発事故は世界の健全炉とは1000倍スケールが違うのです。

１０００グラム（つまり1キログラム）ウンコを学校の教室で漏らしたフクイチ君が、1グラムオシッコを漏らしたクラスメイトをイジメるような話です。そしてあろうことか「あいつがオシッコもらしているなら、俺もいいだろう?」とまた教室でオシッコし始めた（例えが尾籠で恐縮です）。

実際にそんな子供がいたら「頭がおかしい」と言われかねません。

そもそも、仙台湾から犬吠崎までの海底には、０・２ペタベクレルのセシウムが積もっています（第12のウソを参照）。ペタベクレルレベルの莫大な放射性物質をすでに海洋に注いだ日本が、その１０００分の1単位を排出する国を非難する資格などないのです。

本当は……

ＡＬＰＳ水には、トリチウム以外も残留している

ALPS水
Advanced Liquid Processing System
12のウソ

⑨
「福島第一のような原発からの海洋排水は世界中でやっている」

悪質なディスインフォメーションです。善意に解釈しても誤導（ミスリード＝わざと読む人が誤った理解をするように誘導すること）です。

なぜか説明します。

事故を起こしていない原子炉を「健全炉」または「健常炉」といいます。福島第一原発のような事故を起こした原子炉を「事故炉」といいます。

世界の原発で、事故を起こした「事故炉」から海洋へ排水しているのは、福島第一原発しかありません。前述のように、アメリカのスリーマイル島原発事故では、政府基準を満たす「処理水」であっても河川に放流しませんでした。

健全炉では、原子炉の中に水がためてある。そこに核物質の燃料棒が突っ込んであり、核分裂を起こしてお湯を沸かします（注：ここでは日米欧で広く普及している『沸騰水型』に例をとります）。

そこで発生した蒸気をタービンに送りこみ、ぐるぐる回して発電する。タービンは自転車のライトの発電機（ダイナモ）の巨人版です。これが原発の仕組みなんです。ヤカンの口に自転車の発電機がくっついているようなものです。

ただし、いいですか。世界の健全炉の原発では、ですよ。

普通の、福島第一原発以外の事故を起こしていない原発では、わかしたお湯の蒸気がタービンを回して、もう一回元の場所に戻る密閉したループを作ります。ですから、核燃料棒に触れた水は、このループの中をぐるぐる回るだけです。絶対に外に出てきません。当たり前ですよね。核燃料に触れているんだから、ものすごい放射能を帯びているからです。ですから、密閉されたループを作って、この中から出しません。廃炉や点検でループから出したときは高レベル廃棄物として固体化され保管されます。

普通の原発は、つまり事故を起こしていない健全炉では、この核燃料に触れた水を海に捨てたりは絶対にしません。だってそんなことしたら、高濃度の放射性物質が環境、川や海に放たれて、大問題になる。絶対にしません。
（注：ここでは話を単純にするため、福島第一原発と同じ『BWR』型原発の話をしています。関西、四国、九州など西日本で採用されている『PWR』はもうひとつ密閉された水のループを作り、合計3つのループがあります）

原子炉内の核分裂でグラグラに沸いたお湯は水蒸気になります。蒸気は気体ですから、タービンの回転翼を回せます。

しかし、ループを回って原子炉に戻すときは、液体＝水に戻す必要があります。高温の水蒸気を冷却して水に戻す必要があります。

どうするか。日本でしたら海、ロシアやアメリカでしたら河川から水をくみ上げて、もうひとつのループを作ります。そして、放射能を帯びたお湯のループから、帯びていない海・川から汲み上げた水のループに、熱だけを移します。これを「熱交換」といいます。日本では「蒸気を水に戻す」という意味で「復水器」と呼ばれます。

原子炉から来たお湯と、海・川から汲み上げた水は、絶対に混じり合いません。独立して別のループを回ります。

「熱交換」をわかりやすく例えますと、冷やしうどんです。（筆者の好物のため、冷やしうどんの例えが多く恐縮です。）冷やしうどんを作るには、まずグラグラの熱湯でうどんを煮ます。そのアツアツのうどんを氷水に突っ込み、水道の蛇口からジャアジャア水を流し続けて、うどんを冷やします。そのとき、茹でたてのうどんの熱は水に移り、排水口から捨てられます。アツアツだったうどんは冷やしうどんになります。では、いただきます。

冗談はさておき、もうちょっと難しくいうと「温度の高い流体から、低い流体へ熱エネルギーを移動させること」を「熱交換」と呼びます。「流体」というのがミソです。うどんも、水道水を流しっぱなしにしないと冷えませんよね。身近なところでは、エアコン、給湯器、自動車のラジエーターなどが「熱交換」を使っています。

もっとも広く普及している熱交換器は、金属などで隔てられた固体壁を介し、2種類の流体を流し、互いの温度を伝えあう「隔壁方式」です。高温と低温の流体を交互に流し、熱エネルギーを移動させることで、高温流体の温度を下げ、低温流体の温度を上げます。

この「熱交換器」（復水器）というものを介して、海や川から取水した、放射能を帯びていない水、いいですか、放射能を帯びてない水ですよ、それに熱だけを移動させて、それを海なり川なりに排水する。

福井県の美浜原発前の釣り人
2012年6月、烏賀陽撮影

金属などの固体壁を介して、核燃料棒に触れた水（蒸気）から、海水（河川水）に熱を移しますから、両者は混じり合いません。

熱交換した後も、海水はまだ微熱を帯びています。ゆえに「温かい水」＝「温排水」と呼びます。日本では、温排水の排出基準温度は、海水の温度プラス6〜7度です。

海水が温かいので魚がよく育つとかで、原発の排水口周辺は地元民の釣りの名所になっていることがよくあります。

以上のように、普通の、事故を起こしていない健全な原発では、燃料棒に触れた核物質に触れた水は、閉じられたループの中をぐるぐる回り続けます。それが外洋や河川に捨てられるということはありません。絶対にありません。

では、この温排水になぜトリチウムが含まれてるのか。ひとつ目の原子炉を通る水のループと、温排水のループは接触しませんが、核分裂した物質が飛び交っていますから、どうしても温排水側ループの水も一部が変化してトリチウムが生まれるのです。

これは避けられません。ですから、トリチウムがどうしても温排水に発生します。それがトリチウムを含んだ排水として出てくる。これが「健全な原発」です（この健全炉からのトリチウム排水もリスクを指摘する説もありますが、それは本書では深入りしません）。

ところが、ところがですよ。福島第一原発は原子炉が3つ、ぶっ壊れています。燃料棒が本来あるはずの位置にない。燃料棒は溶けて、メルトダウンし、底に溜まっております。「燃料デブリ」というやつですね。このデブリというのは、前述のとおり、成分が何なのか、形状がどうなっているのかすら、いまだにわからない。

燃料の原材料であるウラン、発電の結果ウランが核分裂してできたプルトニウムと、途中にある鉄や電線の銅、コンクリートを巻き込んでいますから鉄やカルシウム、こういったものを巻き込んで、得体の知れない物質になっているはずです。

ＴＭＩ原発事故の場合は、メルトダウンした核燃料は、中心部のコアのうえに、パイ皮のような「地層」が重なっていました。そして層ごとに成分が違った。物質ごとに、冷えて固体化する温度が違うからです。これはデブリの取り出し工程で、掘り進んでやっとわかったことです。福島の場合は、まだ表面を撫でた程度のサンプルしかありません。そもそも成分分析の施設「大熊分析・研究センター」は、まだ低レベル廃棄物しか稼働していません（2023年9月現在）。

燃料デブリは正体不明ながら、近づくと人間が死ぬような高線量の放射線を放っていることだけはわかっています。

その核物質にジャーと水をかけて冷やし、つまり直接触れて出てきた水を、ALPSという装置に通しますと、あーら不思議。海に捨ててもいい水になります。

これが東電および日本政府の主張です。

前述のように、健全炉なら、核燃料棒に直接触れた水を海や河川に（処理したとしても）捨てません。絶対に捨てません。捨てたら大問題になります。固体化して毒性が消えるまで人間から隔離して保管します。

例えば、福島第一原発事故でも頻繁に例示されるセシウム137ですと、半減期は約30年ですが、隔離が必要な期間は1万5千年です。

つまり世界の原発の中で、いいですか、核燃料に直接触れた水を、海に放出する原発と

健全な原子炉では、燃料棒に触れた水は海や河川に排出されない

健全炉（簡略図）

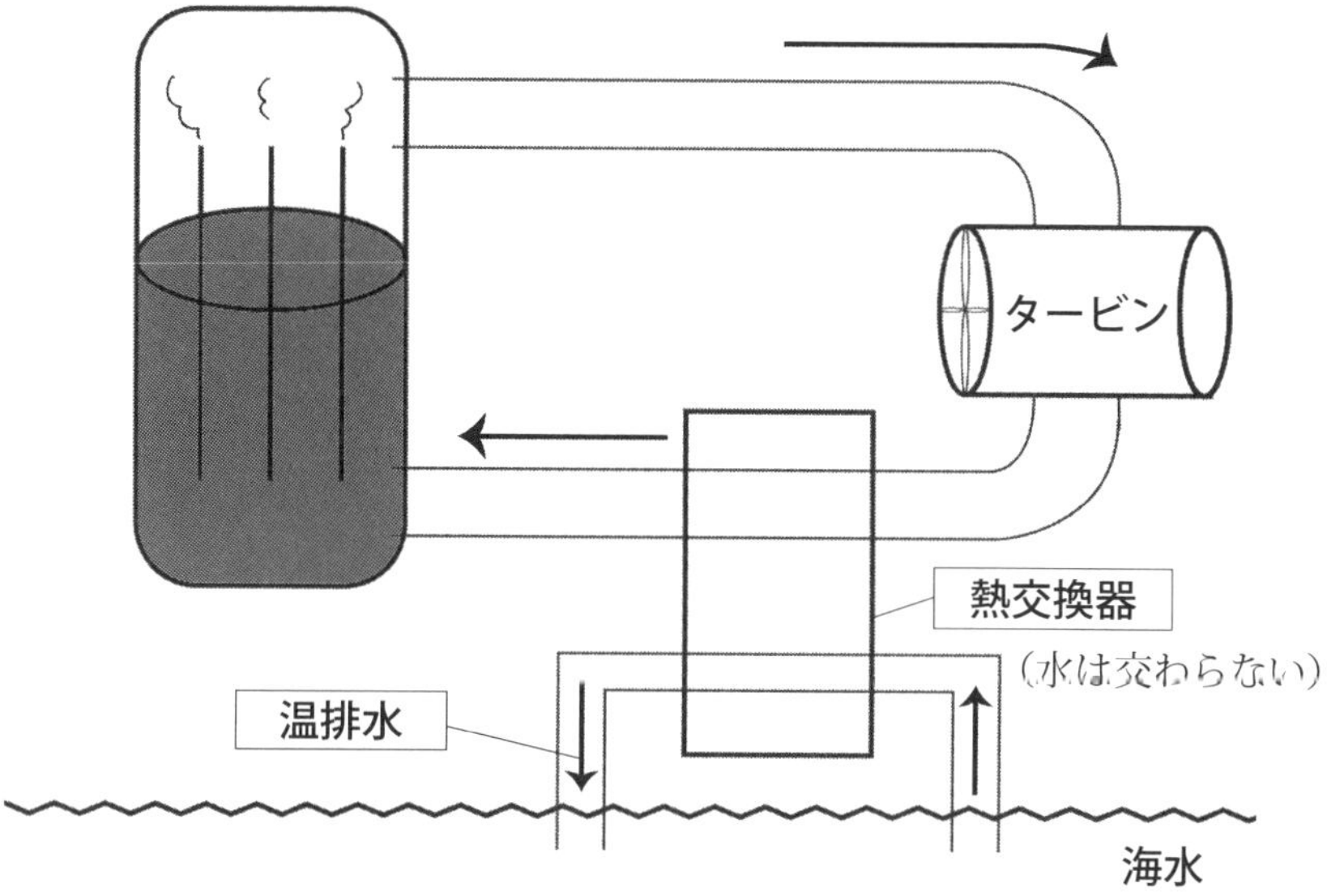

福島第一原発（簡略図）

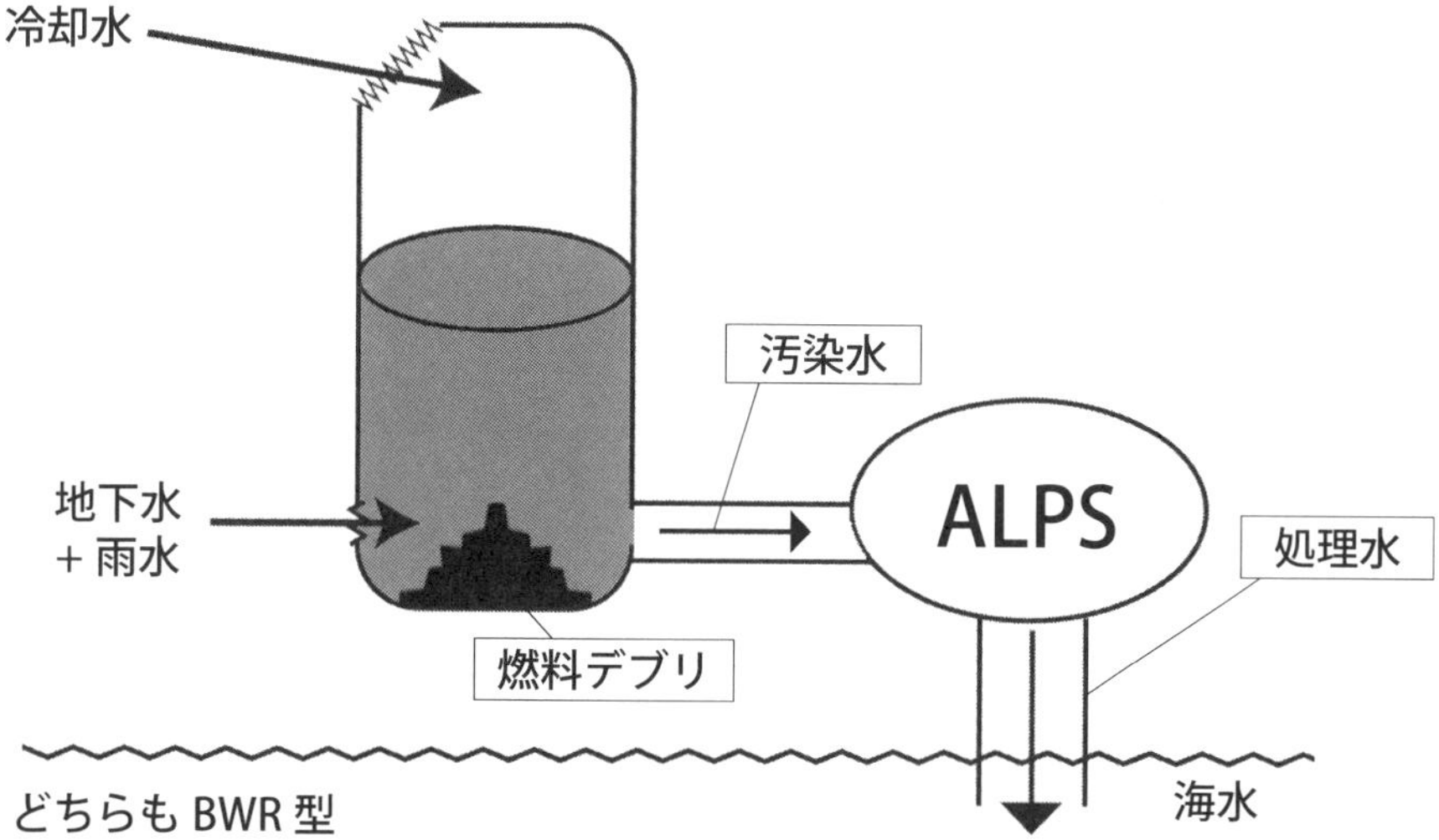

どちらもBWR型

いうのは世界でただひとつ、福島第一原発だけなのです。ＡＬＰＳという「除去装置」を通している。それだけが、海洋排水を正当化する唯一のデバイスです。

これは間違えちゃいけません。非常に重要です。「健全炉」と福島第一原発（事故炉）は、排水の仕組みが根底から違う。原発の基本的な構造なのに、これをわかってない人が多すぎる。

例えていうなら、事故を起こさず普通に走る自動車と、衝突してエンジンを破損、自走できなくなった自動車を「同じように排気ガスを出している」というようなもので、錯乱しているとしか言いようがありません。

例えば細野豪志・自民党衆議院議員は、ＡＬＰＳ水排水が始まった当日に次のようなツイートを発信しています。

「いよいよ処理水放出。福島の人や漁業関係者が風評被害を心配するのは理解できる。それ以外の人については、世界中の原子力施設から処理水が放出されているのを認めておいて、福島からは放出することを認めない、もしくは福島で放出される処理水のみ問題にするのは福島に対する差別ではないか。」（２０２３年8月24日）

上記の記述のうち「それ以外の人については、世界中の原子力施設から処理水が放出されているのを認めておいて、福島からは放出することを認めない、もしくは福島で放出される処理水のみ問題にするのは福島に対する差別ではないか」は誤りです。

これまで何度も述べてきたように、世界中の健全な原発は、核燃料に直接触れた水（冷却水）を処理しても海や河川に捨てたりしません。高レベル放射性廃棄物として固体化し、放射能の毒性が人類に害を与えない万年単位の時間がすぎるまで、人里から離れた地下に隔離して安置（日本政府は『最終処分』という）します。海・河川に捨てるのは、別の水

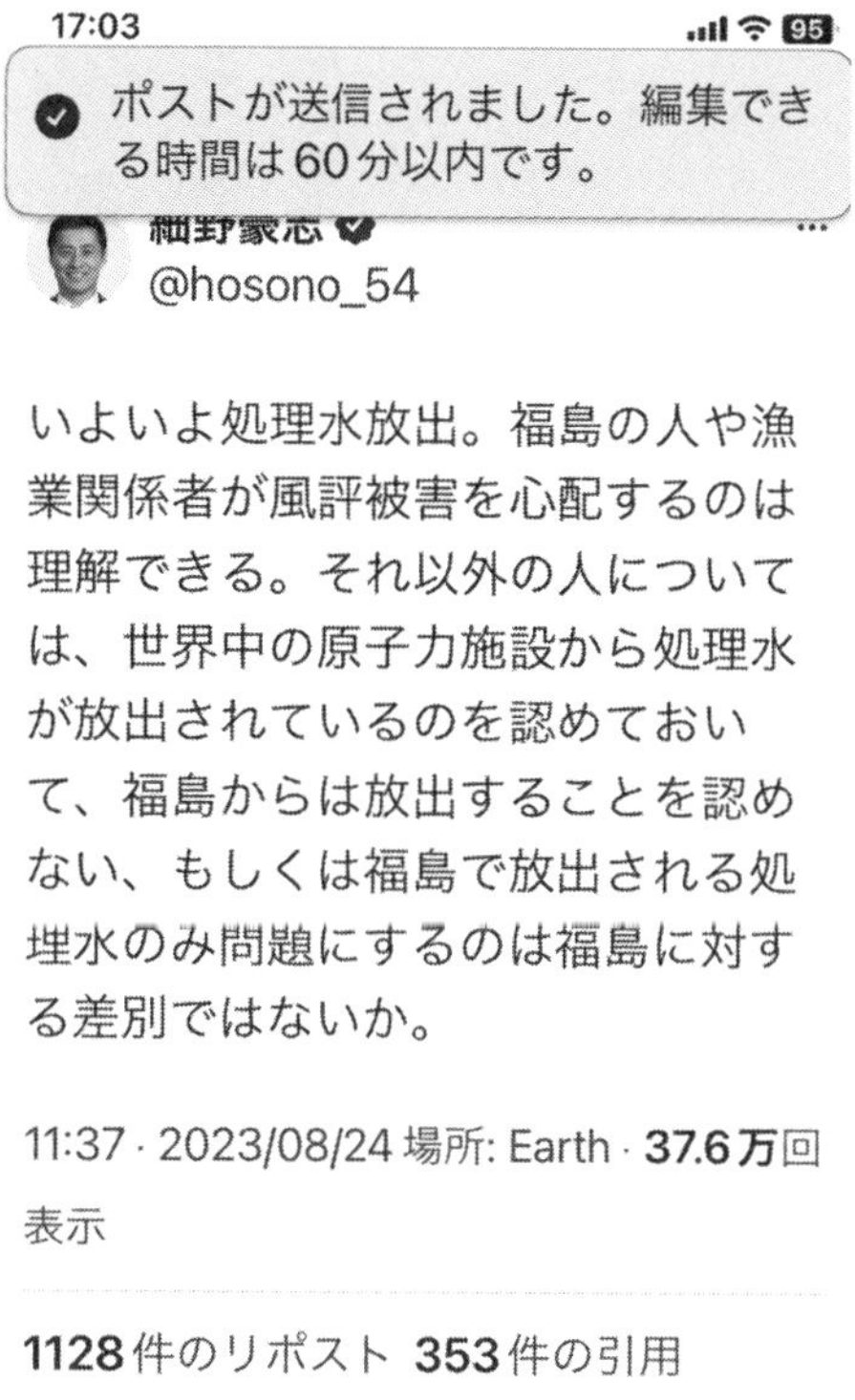
17:03
ポストが送信されました。編集できる時間は60分以内です。
細野豪志
@hosono_54

いよいよ処理水放出。福島の人や漁業関係者が風評被害を心配するのは理解できる。それ以外の人については、世界中の原子力施設から処理水が放出されているのを認めておいて、福島からは放出することを認めない、もしくは福島で放出される処埋水のみ問題にするのは福島に対する差別ではないか。

11:37 · 2023/08/24 場所: Earth · **37.6万**回表示

1128件のリポスト **353**件の引用

細野豪志氏 Twitter　2023年8月24日

のループに熱だけ移した温排水です。

ところが、福島第一原発では、その核燃料が溶け落ち、成分すらはっきりしない高レベル廃棄物であるデブリに直接触れた水を海に捨てます。なぜ隔離安置しなくてよいのか。政府や東電が主張する正当化の理由は、ただ一点だけ。「ＡＬＰＳという装置をくぐらせるから」です。

もし「ＡＬＰＳを通せば、核燃料に触れた水でも最終処分しなくてよい。海に捨ててもよいぐらい環境にも人間にも完全に安全になる」という日本政府と東京電力の主張が１００パーセント正しければ、この手法は間違いではない。しかし、それには数々の疑問符がつくことは本書で随所述べている通りです。

「核燃料に触れた水を海洋に捨てる」核施設が世界で福島第一原発だけなのですから、それが日本社会のみならず世界からあらゆる検証にさらされる、疑問が出るのは当然のことです。細野議員がそれを「福島に対する差別だ」と攻撃するのはかなり無理があります。

しかし、こんな誤りを公言する人は細野さんだけではない。

他にも、こういうふうに「世界中の原発から排出しているのに、なぜ福島第一原発だけ駄目なんだ」っていう言説をネットＳＮＳでよく見かけます。一般人のみならず、大学教授レベルの知識人ですらそんなことを言っています。これは完全な錯誤です。全くの間違いです。燃料棒（核物質）に直接触れた水を（ＡＬＰＳで処理して）海洋に排水する原発は世界で唯一、福島第一原発だけです。

本当は……

直接燃料棒に触れた水を排出する原発は、世界で福島第一原発だけ

ALPS水
Advanced Liquid Processing System
12
のウソ

⑩ 「日本政府の基準を満たしているから安全だ」

では、なぜトリチウム以外の放射性物質が残留しているのに、政府は「海洋に排水してよろしい」というのでしょう。

端的にいうと「政府の定めた基準値以下だから」です。「トリチウム以外の放射性物質がゼロだから」ではないのです。

では「排水してよろしい」と政府が判断した基準の内容はどのようなものでしょうか。

ややこしい話ですが、ちょっとしばらく辛抱してください。

この「政府の定めたＡＬＰＳ水の安全基準」には独特の計算方法があります（トリチウムは「除去する方法がない」と諦めています）。

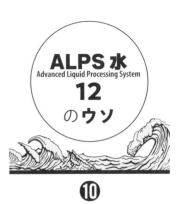

例えば、政府が定めた濃度規制値が「1リットルあたり100ベクレルを超えてはいけない」の放射性物質Aが、ALPS水から10ベクレル出てきたとします。政府の規制値で割り算すると10分の1＝0・1です。

次に、放射性物質Bは同じ計算で0・3だった。

放射性物質Cは0・2だった。（放射性物質ごとに、許容される量は違います）

同じ計算を放射性物質A、B、C、D、E、F……と選ばれた核種全部で繰り返して、割り算の結果を足します。その総合計が「1」以下ならよろしい。

このような計算式の結果を「摂取毒性指数」（ingestion hazard index）といいます。ある放射性廃棄物に複数の放射性物質が含まれているとき、その安全度を計測するのに使う目安です。

日本では、この数値を「告示濃度比総和」と呼んでいます。

うわあ。またややこしい言葉が出てきた。すみません。

なぜ「告示」なんて言葉がついているかというと、この規制が2013年に原子力規制委員会が「告示」で公知した計算式に則っているからです。「告示」を削ってみてください。「濃度（の）比（の）総和」ならなんとかわかりますね。

「告示」には行政・法律用語として特別の意味があります。国や地方自治体が、ある事項を広く一般に知らせること。「行政指導」のひとつです。つまり、国会が議決した「法律」ではない。守る義務はないし、守らなくても法律罰はありません。

ご参考までに付け加えると、行政用語では、「法律」→「規則」→「通達」→「告示」の順に強制力が弱くなります。

あくまで「目安」に過ぎないからです。

「総和が1以下」イコール「被曝した線量が年間1ミリシーベルト以下」を意味します。これはICRPが定める一般公衆（原発作業員ではなく）の被曝許容量です。

実はこの「イコール」の間にはあれやこれやと係数をかけてと、煩雑な計算があるのですが、あまりに膨大なので省略します。興味のある方は杤山修『放射性廃棄物処分の原則と基礎』ERC出版＝を読んでみてください。

ちょっと整理しておきます。政府の「ALPS水＝安全」は、こういう二階建てのロジックで構成されています。

A　トリチウムは除去する方法がないのでそのまま。「トリチウムを含んだ排水の海洋投棄は世界中でやってる。悪影響の報告はない。だから福島第一原発でやってもいい」。

B　トリチウム以外の放射性物質：濃度比の総和＝1以下という政府の基準を満たすので安全だ。

このBに注目しましょう。ここで政府のいう安全基準値とは「人間の身体にとって安全かどうか」であって「環境にとって安全」ではないのです。ところが、これが意外に理解されていない。東大原子力工学科出身の教授でも間違いを公言しています。

排水が始まって1か月後の9月24日、韓国の「中央日報」日本語ウェブ版が「日本が2回目に放流する福島汚染水から放射性物質検出」という記事を掲載しました。記事の内容は省略します。

私が注目したのは、そこに寄せられていた東京大学の岡本孝司・大学院教授のコメントです。

岡本教授は、3・11当時の原子力安全委員会委員長だった班目春樹氏が東大教授だったときに同僚だった「直弟子」です。「証言　班目春樹」（新潮社）という班目氏の原発事故

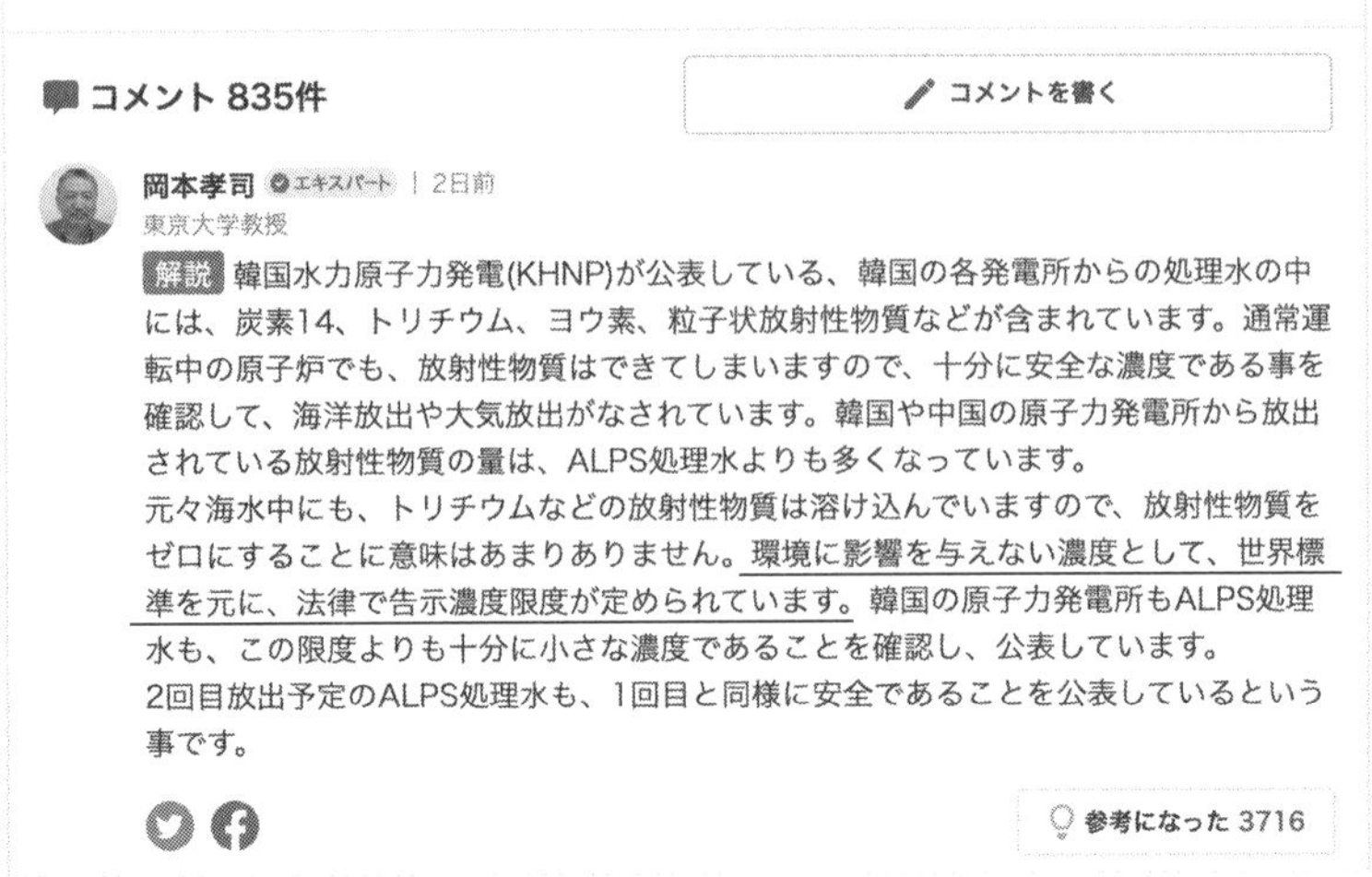
コメント 835件
コメントを書く
岡本孝司 エキスパート | 2日前
東京大学教授
解説 韓国水力原子力発電(KHNP)が公表している、韓国の各発電所からの処理水の中には、炭素14、トリチウム、ヨウ素、粒子状放射性物質などが含まれています。通常運転中の原子炉でも、放射性物質はできてしまいますので、十分に安全な濃度である事を確認して、海洋放出や大気放出がなされています。韓国や中国の原子力発電所から放出されている放射性物質の量は、ALPS処理水よりも多くなっています。
元々海水中にも、トリチウムなどの放射性物質は溶け込んでいますので、放射性物質をゼロにすることに意味はあまりありません。環境に影響を与えない濃度として、世界標準を元に、法律で告示濃度限度が定められています。韓国の原子力発電所もALPS処理水も、この限度よりも十分に小さな濃度であることを確認し、公表しています。
2回目放出予定のALPS処理水も、1回目と同様に安全であることを公表しているという事です。
参考になった 3716

（下線は烏賀陽）

対応の回顧録で聞き手・著者を務めました。

「環境に影響を与えない濃度として、世界標準を元に、法律で告示濃度限度が定められています」

そう書いてあって、私はびっくり仰天しました。告示濃度限度は人体への影響の基準であり、環境への影響基準ではありません。そして法律ではない。

告示濃度比総和を完全にクリアしていても、環境には何ら関係がありません。もともと人体への影響を測る目安だからです。基準として別種なのです。

こんなバカバカしい間違いでも、東大教授の名前で書かれていると、そっちのほうが本当に思えてしまうから怖い。

岡本教授が政府・東電のプロパガンダに協力しているのか、それともただ単に知らないだけなのかは、わかりません。

話を元に戻します。セシウムやストロンチウムが残留しているALPS水を日本政府が「海洋に排水しても安全」と断ずる根拠は何でしょう。

「日本政府が決めた基準以下だから」でしたね。その「ALPS水に含まれるトリチウム以外の放射性物質」の安全基準として日本政府が用いているのが「告示濃度比総和」というややこしい名前であることはすでに述べました。

実はこの「告示濃度比総和」は人体に対する安全基準としてもかなり大雑把です。

人間の被曝には大きく分けて

①経口摂取して消化器に入る内部被曝
②呼吸器から吸入する内部被曝
③物理的接近による外部被曝

の3種類があるのですが「告示濃度比総和」は被曝経路を経口摂取だけに限定して計算

大気および水中環境に排出された放射性物質の潜在被曝経路

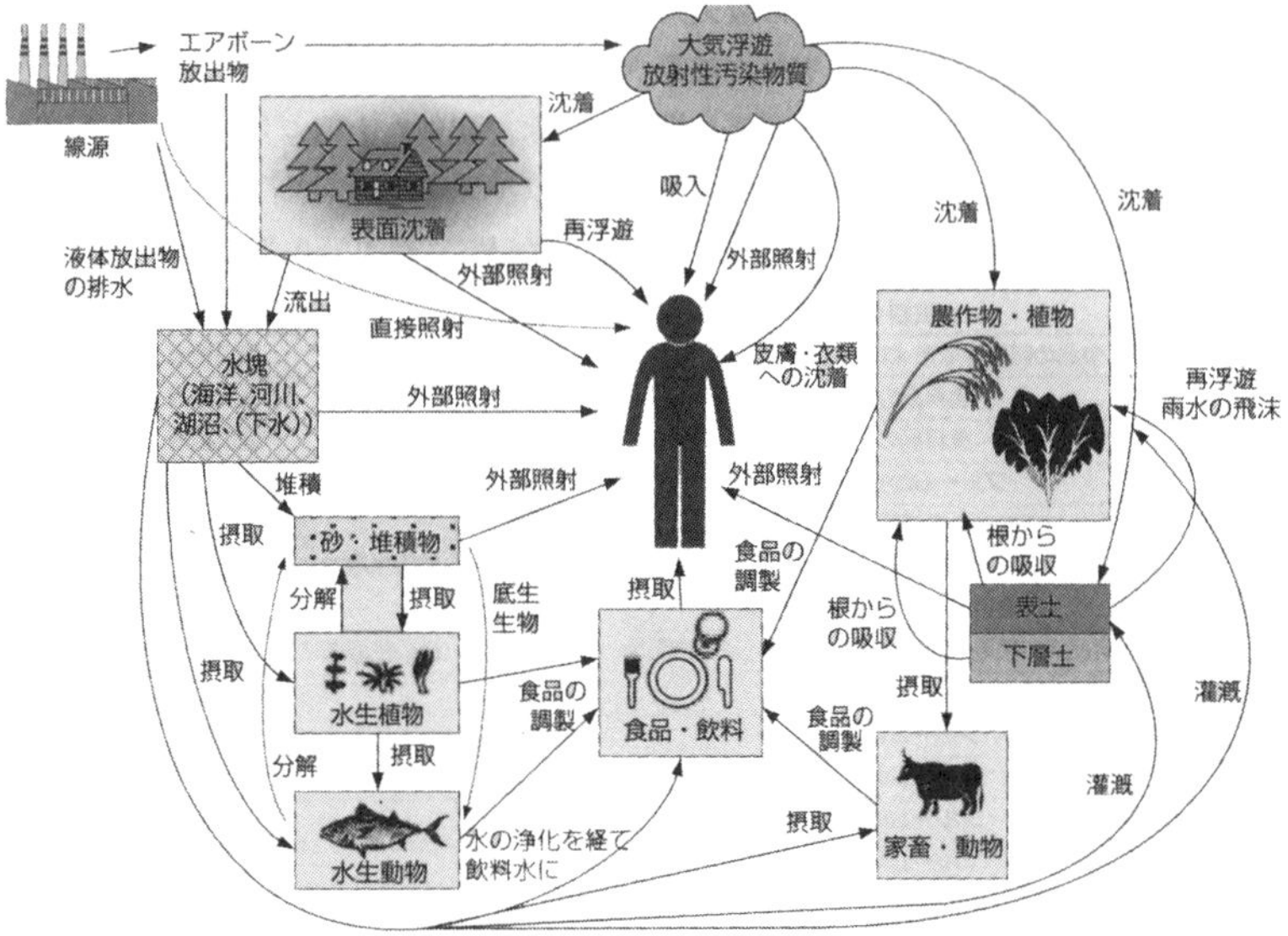

杤山修『放射性廃棄物処分の原則と基礎』ERC 出版

します。

これだけでも、呼吸器内部被曝や外部被曝を無視しています。

また前述のように放射線がα線なのかβ、γ、中性子なのかも区別しません。核種の種類、線源の強さや距離も考慮しません。臓器や組織によって違う放射線への感受性も考慮しません。

上の図を見てください。海洋に排出された放射性物質が人間に到達する（被曝する）ルートはこれだけ多数ある。

また141ページ（同書）の表のように、水中環境に放出したと

主な放射性物質の被曝経路

放射性核種	大気圏への放出	水中環境への放出
H-3	食品の経口摂取および プルームの吸入摂取	経口摂取
C-14	食料品の経口摂取	経口摂取
P-32	食料品の経口摂取	経口摂取
Ar-41	プルームからの外部照射	経口摂取および 沈着放射能からの外部照射
Co57/Co-60	沈着放射能からの外部照射 および食品の経口摂取	経口摂取
Kr-89	プルームからの外部照射	経口摂取および 沈着放射能からの外部照射
I-131	食料品（牛乳）の経口摂取	経口摂取
Cs-137	食料品経口摂取 および沈着放射能からの外部照射	経口摂取 および沈着放射能からの外部照射
U-238	プルームからの外部照射	
Pu-238/Pu-241	プルームからの外部照射	経口摂取
U-238+	プルームからの外部照射	水の経口摂取
U-235+	プルームからの外部照射	水の経口摂取
Th-228+	プルームからの外部照射	外部照射
Ra-228+	プルームの吸入摂取 および食料品の経口摂取	水および魚の経口摂取
Ra-226+	プルームの吸入摂取および外部照射	水および魚の経口摂取
Pb-210+	食料品の経口摂取	魚の経口摂取
Po-210	プルームの吸入摂取 および食料品の経口摂取	水および魚の経口摂取

杤山修『放射性廃棄物処分の原則と基礎』ERC出版

きでも、放射性物質によって「経口摂取」なのか「照射」なのか、被曝のルートは様々です。

そういった現実の「被曝」の細部を省略して大雑把な「目安」として出すのが「告示濃度比総和」なのです。

なぜかというと、もともと告示濃度比総和は「放射性廃棄物を扱う人の安全基準」として設計されているからです。放射性廃棄物などを扱う人の被曝が年間1ミリシーベルトになるように作られた基準です（原子力規制委員会による）。

現実の被曝から「外部被曝」「呼吸器内部被曝」を外して、消化器内部被曝だけを基準にする。線種による違いも考慮に入れない。臓器・組織ごとの感受性の違い（組織加重係数）も置いておく。そうした、現実からは離れた仮想の条件に簡素化して、人体への潜在的危険度の「目安」を出す。それが「摂取毒性指数」です。この日本バージョンである「告示濃度比総和」もこれに沿っています（ここにまた年間飲料水量とか経口摂取線量換算係数とか複雑な式を解くのですが、ここでは省略します。名前が「告示濃度比総和」に変わったのは『毒性』という言葉を使いたくなかったので、言葉を替えたのだと私は推測しています）。

つまり「告示濃度比総和」は「仮想条件に依拠した大雑把な目安」にすぎない。「この一線を超えてはならない」という厳格な数字ではない。「法律」ではなく「規則」「通達」より下の「告示」に留まっているのも、そうした理由があります。裏返して言えば、守っていたとしても「目安」程度の意味しかないのです。

仮定を「消化器内部被曝」だけに絞ったことを勘違いしたのか、政府や東電が「告示濃度比総和」を説明するとき「ALPS水を70歳まで毎日2リットルずつ飲んでも安全」だと喧伝します。

なんだか、ヘンだと思いませんか。

「雑駁な目安」を出すための仮想条件として「消化器内部被曝だけ考える」としたのです。それを説明するために「核種を含んだ水を飲んでも、年間被曝量が1ミリシーベルトにならないようにしなさい」と例示されるにすぎません。

ところが政府東電はそれを「ALPS水は飲んでも大丈夫」という「結論」にしてしまいます。「前提条件（仮定）」と「結論」は論証における位置がまったく反対です。それが入れ替わっている（ただ単によくわかっていないだけなのか、意図的に捻じ曲げているのかは、わかりません）。

いずれにせよ、政府のいう「基準」の中身はこうなのです。仮想的な条件の元でのみ成立する便宜的な「目安」にすぎない。「現実の被曝」とはまったく違う。それを守ったからといって、現実の安全を100パーセント保証する数字ではないのです。

「海水に放出した放射性物質を呼吸器から吸い込むことはないだろう。照射されて外部被曝もないはずだ。無視してもいいじゃないか」というあなた。それは発想が単純すぎます。放射性物質を摂取した魚など、生物の死骸が海底にたまる。セシウムは泥の成分と吸着して海底へ沈みます。それが陸地に運ばれ、乾燥すればチリとして宙を舞います。吸い込めば呼吸器内部被曝をします。海洋中の放射性物質が人間と接触する（＝被曝する）ルートは実にたくさんあるのです（繰り返しますが、被曝する＝病気になるではありません）。

そう知ってしまうと「ALPS水を飲んでも大丈夫」という政府・東電の宣伝がアホらしくなってきませんか。

これは笑い話ですが、ALPS水排出が始まった6日後の8月30日、福島県郡山市で「海洋放出に関する住民説明・意見交換会」が開かれました。そこで住民の一人に「ALPS水がそんなに安全だというなら、今ここで飲んで証明してくれ」と詰め寄られた木野正登・経産省資源エネルギー庁参事官は「ALPS処理水ですねえ、これは放射性廃棄物ですので、飲食してはいけないんですね」と正直に答えて、会場の爆笑を買う場面がYouTubeにアップされています。やれやれ。この一言で、東電の「飲んでも大丈夫」という宣伝は木っ端微塵にされてしまいました。

まあ、いいでしょう。

東電と日本政府がいうALPS水の安全基準は、「70歳になるまで毎日2リットルずつA

LPS水を飲んでも健康に影響はない」です。

ん？　妙だと思いませんか？　日本政府が言っている安全基準はあくまで「ALPSの蛇口から出た時点の水」の安全性なのです。

ALPSの蛇口に口をつけて、毎日2リットル70歳になるまでゴクゴク飲んでも大丈夫。そう言っています。あまりおいしそうな感じはしません。

いやいや、ちょっと待ってください。ALPSの出口の向こうに控えているのは人間ではありません。

海洋です。海洋という、途轍もなく複雑な生態系なのです。人類がそのメカニズムを解明しようと必死の研究を日夜続けている。それでも未知の部分の方がはるかに大きい生態系です。

ALPS水を受け取る対象が違うのですから、当然、安全基準も違わなくてはならない。「人間が飲んでも大丈夫」基準ではなく「海洋という環境に放出しても安全」基準でなくてはならないはずです。

日本政府のいう「安全」はALPSの蛇口を出てきた時点までしか担保されていません。「海洋＝環境中に放出しても安全」を担保していません。

この最も重要な「安全基準」がすり替えられている。使うべき基準そのものが間違っているのです。

これほど明白なトリック（あるいは誤謬）を新聞テレビは指摘しません。問いかけを発しません。

なぜ、これが間違っているのか。「人体を通過あるいは摂取して安全かどうかという基準」と「環境中に放出して、安全かどうかという基準」は、まったく別だからです。

もう一度繰り返します。

人体が摂取して安全だからといって、環境中に放出しても安全とは限りません。

わかりやすい例はＣＯ$_2$です。二酸化炭素ですね。二酸化炭素というのは、人間の体を毎日通ります。今も私はスーハースーハーと二酸化炭素を吐いています。

ですから、二酸化炭素は人間の体を通過しても大丈夫。摂取しても大丈夫です。二酸化炭素は、通常の大気中に０・０３パーセントの濃度で存在します。吸っても別に人間は何ともないですよね。

「二酸化炭素中毒」という急性病はあります。しかしそれは密閉した環境の話。濃度３パーセントになると頭痛やめまい等の症状が現れ、７〜８パーセントに達すると、数分間で意識を失い、死ぬことすらある。ただしこれはかなり極端な環境です。2023年夏、葬儀場でお棺に入れたドライアイス（凍った二酸化炭素）で遺族が死んでしまう例が多発して、ニュースになったことがあります。通常の生活でそんなことが起きる事自体が稀有なのでニュースになったわけです。

普段の生活の範囲内で二酸化炭素を吸っても、体に異常を起こしません。

ところが、環境中に放たれた二酸化炭素が蓄積して温室効果を起こし、気候変動の原因になっていることはご存知でしょう。今年の夏は毎日気温39度です。これも気候変動のひとつ。北極南極の氷が溶けて、海面が上昇するなんて現象も生んでいる。島嶼国（モルディブなど）や低海抜地帯に多数の人口を抱える国（バングラデシュなど）にとっては人命や領土の存続にかかわる問題です。

CO_2は、人体を通過しても安全だけれど、環境に大量に蓄積した結果、人類に害を及ぼす物質になったことがわかる。

人間や動物が呼吸する程度の分量だったら、地球は許容できたんです。ところが、石炭や石油をぼんぼん焚いて、車が走るは火力発電するはで、ボカスカ二酸化炭素を出したら、地球が負荷に耐えられなくなった。それによって大気候変動を生んでしまった。これは人類にとっての大きな教訓です。

ですから、「CO_2をこれ以上出さないで、削減しよう」というのは、こんにちの世界的な合意になっています。これは「京都議定書」（気候変動に関する国際連合枠組条約の京都議定書・1997年）という国際協定にもなっています。

ひとつ大笑いしちゃったんですけど、2023年8月23日、つまり福島からALPS水が放出される前の日に岸田総理がこう発表しました。

「日本政府は脱炭素社会のために1兆2000億円の予算を組む」と。

なんだ。日本政府も「CO_2削減、脱炭素のために頑張らなあかん」とわかってるじゃないですか。

つまりそれは「人体を通ったから安全だと思っていた物質が、長期的には、人間に害をなすことがある」という教訓に日本政府も従っているからです。

人類の歴史の中でCO_2が地球環境に負荷をかけるほどの量になったのは、産業革命以降と言われています。大体200年とか300年とかの長い年月をかけて、気候変動を起こすまでの量になったわけです。

つまり「CO_2を出しても別に環境に害はないよね」って、最初は思っていた。産業革命のときの18〜19世紀イギリスの蒸気機関車を運転していた人たちは「馬車と違って便利でいいなあ。餌やらなくても動くし」としか考えていなかった。

ところが、そこから200年、300年経ったこんにちの我々は、とんでもない目に遭っている。今年（2023年）の夏は毎日気温39度ですから、たまらんですよ。私は暑いの嫌いですから、もうたまらんです。やめてほしい。

政府のALPS水の排出基準には、こうした「環境に対する長期的な影響」というものがまったく考慮されていない。本当にされいさっぱり抜け落ちています。ただ「人間が飲んでも大丈夫」って言っているだけ。そういう基準なんです。

「ALPS処理水を海に放出したら、300年後にはどうなる」っていう話を現在、日本政府は考慮しておりません。

本当は……

政府は環境への長期的影響を全く考慮していない

ALPS水
Advanced Liquid Processing System
12のウソ

⑪

「希釈して排水するから安全だ」

もうひとつ。「希釈して排水するから安全だ」という説を東電や日本政府は唱えます。しかし残念ながら、自然環境に放射性物質を消す力はありません（もちろん人間にもありません）。放射性物質は、勝手に消えてくれることはありません。放射線を放ちながら、移動していくだけです。薄めても、放出される放射性物質の総量はいささかも減りません。「希釈する」というのは「その放射性物質が人間と遭遇する＝被曝する」確率を下げるというだけの作用しかありません。

例え話をしましょう。「ロシアン・ルーレット」というゲームをご存知でしょうか。回転式拳銃の弾倉には6発の弾が入ります。そこに1発だけ弾丸を入れて、弾倉をルーレットのように回す。そして自分の頭に向け、引き金を引く。ロバート・デ・ニーロ主演の名作映画「ディア・ハンター」では、ロシアン・ルーレットが地下賭博として客を集めて行われている様子が描かれています。いわば「死のゲーム」です。

A　拳銃が1丁だけなら、あなたが頭を撃ち抜いて死ぬ確率は6分の1です。

B　では次に、弾倉が空の回転式拳銃を1000丁用意して、そのうちのどれか1丁に1発だけ弾丸を入れておく。1000丁の拳銃から1丁を選んで自分の頭に向けて引き金を引く。あなたが死ぬ確率は6000分の1、つまりAの1000分の1に下がります。

Bなら、死ぬことはなさそうに見えます。しかし、次のように条件が変わったらどうでしょうか。

C　1000丁のうちから選んで頭に向けて引き金を引く作業を毎日1回ずつ、1年間続ける。

D　あなたの家族・親戚・友人を1000人集めて、全員に1回ずつ頭に向けて引き金を引かせる。

C、Dとも、あなたもしくは1000人のうちの誰かが死ぬ確率は上がります。拳銃を1000丁に増やしても、そのどこかにある弾丸の存在は決して消えないからです。「誰かが死ぬ確率」を完全にゼロにすることはできません。

海洋に放出した放射性物質の話に戻ります。

放射性物質を希釈して海洋に流したなら、1～2年のうちにその物質が検出され、沿岸国の漁業にダメージを与える確率は低くなるでしょう。

しかし振り返ってみてください。セシウム137の隔離期間は1万5千年です（ストロンチウム90もほぼ同じ）。Cのケースと同じですね。時間軸が長くなれば、弾が飛び出す確率が上がるように、人類がその放射性物質と遭遇する確率は上がります。Cでは「1年」と仮定しましたが、相手は放射性物質です。1万5千年なら、どれぐらい弾に当たる確率は上がるのでしょうか。想像が難しい時間のスケールです。

Dのケースは、放射性物質に遭遇する可能性がある人数が増えれば、希釈しても確率は上がる、という意味です。例えでは1000人としました。ALPS水の海洋排水まで、福島第一原発事故の汚染は国内にとどまっていましたので、遭遇する可能性のある人数は1億2000万人でした。2023年の世界人口は80億人だそうです（国連人口基金）。そのうち何人ぐらいが太平洋島しょ部・沿岸部にいるのか、私はいま即答できる数字を持ちません。日本の人口より多いことは確かでしょう。つまり「国内」から「国際」に放射性物質を拡散したことで、人類が福島第一原発由来の放射性物質に遭遇する確率が上昇したのです。

まとめます。時間軸、空間軸を広げていくと、人類が福島第一原発由来の放射性物質に遭遇する確率は上昇し、希釈したことの意味は薄れていきます。

ALPS水の海洋排水を決めた政治家や官僚が「自分が責任者でいるうちに問題が起きなければいいや」と考えたなら、海洋排水は悪いアイディアではありません。2021年に排水を決定した菅義偉総理は、2年後の今日、すでに総理の座にはいません。現職の岸田文雄総理も、1万5千年後に総理の座にある確率は低いと思います。CO_2がそうであったように「原因を作った人」と「被害を受ける人」の間には、壮大な時間・空間のズレがあるのです。

本当は……

希釈したところで意味がない

ALPS水
Advanced Liquid Processing System
12のウソ

⑫

「環境への影響は長期的に見ても無視できる」

みなさん考えてみてください。例えばマグロ。マグロは「回遊魚」です。生まれてから死ぬまで泳ぎ続けます。眠っていても泳ぎます。泳ぐのをやめると、窒息して死んでしまいます。そして太平洋（大西洋でも）をぐるぐる回ります。だから「回遊魚」というのです。そのマグロは、「あ、いま福島県に入ったからちょっとエサを食べるのはやめよう」「茨城まで行ってからメシにしよう」とか、考えないと思います。マグロはどこからどこまでが福島県なのか知りません。そもそも海に県境・国境はありません。

放射性物質が高度濃縮したマグロが、カナダで網に引っかかるかもしれない。チリで水揚げされるかもしれない。そうなった場合、日本政府はどうするんでしょう。起こらなけ

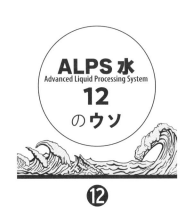

ればいいなと切に願っていますが。

太平洋沿岸国のどこかで福島第一原発由来の放射性物質が検出されるということは、現実の可能性としては高いだろうと思います。ＵＮＳＣＥＡＲの２０２２年報告では、すでにカナダでの検出が報告されています。

おそらく、皆さんは「生物濃縮」という言葉を聞いたことがあると思います。

どういうことかといいますと、そこの海から例えば、１リットル当たり０・１ベクレルのセシウムが放出されるとします。それは大体、珪藻成分とくっついて海の底に泥として沈むんです。

それをまずプランクトンが餌として食べます。そのプランクトンをクラゲとかミジンコとかが食べますね。次に、そのクラゲとかミジンコをイワシとかタコとかが食べます。そのイワシとかタコとかを、次は中くらいの魚、サバとかヒラメとかが食べます。そのサバとかヒラメとかを今度はマグロとかスズキとか……だんだん大きくなっていく。

こういうのを「食物連鎖」っていいます。ご存知ですよね。英語ではFood chainです。最初のプランクトンには、セシウムはちょっとしか溜まっていないわけですが、次にそれをクラゲとかはバクバク食べるわけですから、そこに集まる。

（注）最近は、実際の捕食関係はもっと複雑であることが判明してきたため「食物網」（Food Web）と言います。

そのクラゲを例えばタコが食う。タコはもちろん1匹食べただけでは満足できませんから、たくさん食べます。そうしてプランクトン10匹食ったクラゲを10匹食ったタコは、プランクトン100匹分を食べているわけですね。こういうふうに、食物連鎖の上位に行けば行くほど、放射性物質が体内に高濃度に溜まっていく。この現象を「生物濃縮」といいます。

人間が食べるのは、プランクトンじゃなくて、どっちかというと、食物連鎖の上位の方ですよね。マグロとか。人間はその食物連鎖の頂点にいるので、最も高濃度に濃縮した食物を食べることになります。

長期的にみて、ALPS処理水が海洋生物にどういう影響を与えるのかというシミュレーション、アセスメント。これを日本政府はきれいさっぱりやっておりません。

なぜかというと、海洋という生態系で放射性物質がどんな挙動を見せるのかという実測データがないからです。PCBやダイオキシン、水銀などはある程度の研究データがあります。しかし、今回は放射性物質です。こんなことをやるのは人類で、日本、福島第一原発が初めてなので「経験値」がないのです。

「生物濃縮」については、どれぐらいの期間で起こるのかなど、海洋生態学の領域に入ります。私はまだそこまで取材が追いついていないので、今回は言及を控えます。

(注) 海水の中の放射性物質の濃度より、採取された魚類の生物体内の濃度が高ければ、すでに「生物濃縮」は起きています。

しかし、食物連鎖の上位にいる生物ほど濃縮されることは、常識として知っています。クジラ、イルカ、水鳥、オットセイ、セイウチなどです。

このへんは是非、海洋学者のご意見を聞いてみたい。原子力工学者や放射線防護学の専門家にいくら聞いても、海洋中の放射性物質の挙動など専門外でしょうから。

素人の私が考えても、太平洋という世界最大の海洋で「生物濃縮は絶対に起きない」と断ずるのは文字通り「不自然」に思えます。

そもそも、ＡＬＰＳ水の排水以前に、福島第一原発事故そのもので太平洋に降り注いだ（あるいは冷却水があふれて流れ込んだ）放射性物質が太平洋を回遊していることは、前述のＵＮＳＣＥＡＲの報告書にも明記されています。

「薄めたから大丈夫」というのは、あくまでＡＬＰＳ水が陸地を離れる段階での話です。生態系の中での挙動は未知数です。生物濃縮が起きれば、薄めた放射性物質は、もう一回濃くなる。

さあ、どうなるんでしょう。何事も起きないことを天に祈ります。なにしろ「海任せ」なのですから、神様にお祈りするしか対策がありません。

二酸化炭素はじめ、免疫系撹乱ホルモンなど、環境中で物質が変化し、人類に害を与えるようになることがある。人類はそんな教訓を学びました。

そこで「環境中に放出しても安全であることが証明されない限り、その物質を環境に放出してはならない」という原則が国際社会で定着しました。これを「予防原則（precautionary principle）」と言います。

予防原則が国際社会に登場するのは、１９９２年の「環境と開発に関する国連会議」（ブラジル・リオデジャネイロ）からです。その会議宣言はこう言います。

「環境を防御するために各国はその能力に応じて予防的取組（Precautionary Approach）を広く講じなければならない。重大あるいは取り返しのつかない損害の恐れがあるところでは、十分な科学的確実性がないことを、環境悪化を防ぐ費用対効果の高い対策を引き伸ばす理由にしてはならない」

つまり、こういうことです。地球環境の悪化のような問題は、影響が顕在化してからでは手遅れ。取り返しがつかない。原因と結果の間に空間・時間的な隔たりがあり、因果関係も不明確である。因果関係を科学的に明らかにしてから、その原因を規制するという方法では手遅れであり、地球環境や人間社会を守れない。

難しい話のように聞こえますが、実は簡単です。医学の世界では予防原則がすでに普及しています。がん、心臓病、脳血管疾患などの成人病では「病気になってから治療する医学」より「病気になる前に予防する医学」（例：禁煙や食生活の改善など）に重点が置かれています。いわゆる「予防医学」です。日本政府（厚労省）も予防医学に保険適用を認めていますから、予防原則が何か、それが重要であるということは知っているはずです。

岸田総理も、予防原則を遵守しているからこそ、脱炭素社会の実現に向けて1兆2000億円の予算を組むと宣言したわけです。

ところがその宣言の翌日に、ALPS水の海洋排水を始めちゃった。

賢明な読者はすでにお気づきのように、ALPS水の海洋排水は、予防原則に完全に逆行しています。

２０２３年８月23日と24日で、予防原則遵守→逆行と、日本政府は正反対の政策をやっております。これは極めて奇怪な現象だ。岸田総理は、わずか24時間で思想転向したのか。いずれにせよ、同じ日本政府の中で政策が矛盾していることだけは確かです。冷戦時代とか、昔だったら、野党が黙っていなかったでしょう。大きな政治問題になり、国会は紛糾したでしょう。

残念ながら今の日本の野党には、勉強して政府与党の矛盾を突ける議員がいないようです。９月22日には社民党の大椿ゆうこ副党首・参議院議員が「問題はトリチウムだけではないので、トリチウム以外の核種についても、継続して調べ、公表する必要があると思います」とツイートしました。なかなかトボけた発言です。こんな程度の知識しかないのですから、議員たちが、予防原則が国際社会の潮流である事実はおろか「予防原則」という言葉すら知っているかどうか怪しい。もちろん、これは先の細野豪志議員の例でもわかるように、与党側も同じでしょう。新聞・テレビといった記者クラブ系マスコミも不勉強という点ではどっこいどっこいです。

かように不幸、不運な状況の中で、ＡＬＰＳ水の海洋排水は決定され、実行されました。

ALPS水の海洋排水が始まって、これから100年先、200年先、300年先に何が起こるか、まったくわからない。今、我々は人類が経験したことのない領域に入ったのです。

これが福島第一原発と日本政府の罪です。

これまでは、国内で汚染は止まっていたんです。日本人が何とか頑張って引き受ければよかった。しかし、海洋排水によって国際問題になってしまった。

諸外国の人は「なんで俺の国が、日本の原発の不始末の結果を引き受けなきゃならんのだ」と考える。それは当然です。

補償を求められたり、あるいは国際海洋裁判所に提訴されたり、国連総会で日本の海洋放出を止めろと決議されたり、するかもしれない。やめなかったら、日本に対する制裁決議がなされたりするかもしれませんね。

太平洋って広いですよ。沿岸国が多数あります。カナダ、アメリカ、ロシア、中国、フィリピン、香港、オーストラリア、チリ。

で、もうひとつ皆さん、忘れてはなりません。世界はひとつの水で繋がっているんです。海は全部繋がっているんです。おそらく海流の関係からいくと福島第一原発から放出され

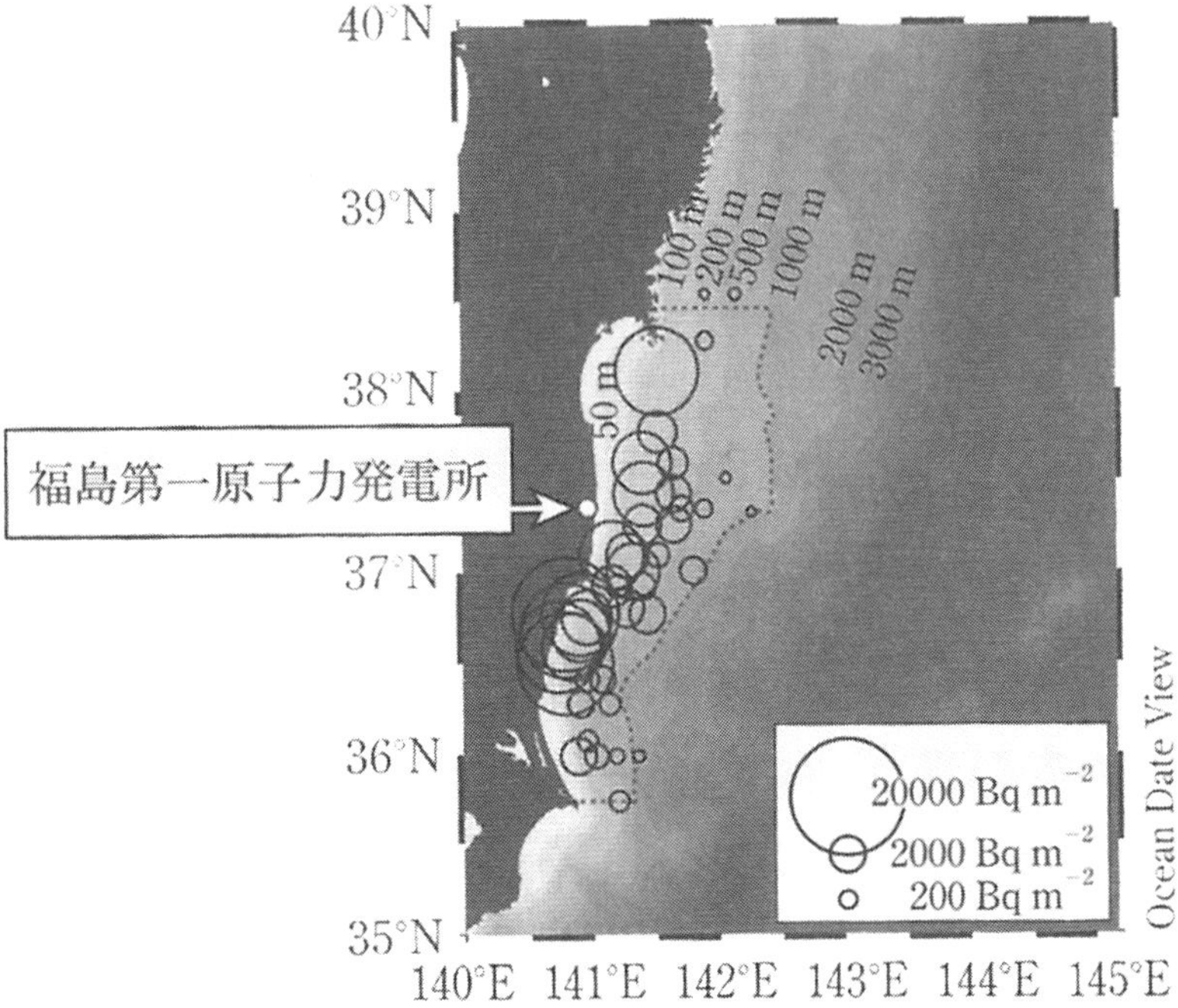

加藤義久・東海大学客員教授による。(『環境化学』講談社)

たALPS水は、太平洋中をぐるぐる回ると思います。

福島第一原発沖の陸棚の堆積物コア調査では、セシウムの90パーセントが水深200メートルより浅い陸棚の底に堆積していることが示されています。

その分布は宮城県・仙台湾から犬吠崎沖まで全蓄積量は約0.2ペタベクレルと見つもられています。

何しろ風任せ・海任せですから、どこへ行くかわかりません。何が起こるかわからない。莫大な自然の前では、われわれ人間は実にちっぽけな存在でしかありません。その結果がいつ出るのか、私が生きているうちに結果がわかるのか。私が死んでからわかって、後世の人にあいつら何しとったんだ、けしからんというふうに言われるのか。わかりません。私は、そういう事態が起こったときにも、烏賀陽はあのときちゃんと警告していたと。日本政府の言ったことには12個のウソがあると。ちゃんとわかって、皆さんに、公衆読者、視聴者に伝えようとしたんだと。ということを、今ここに記録しておきたいと思います。

本当は……

放射性物質の海洋中での挙動や長期的な影響は誰にもわからない

まとめ

最後に「まとめ」をしておきましょう。ALPS水の海洋排水問題を「福島第一原発事故」の全体像の中に置いた「俯瞰図」をお話しします。

まず「ビッグ・ピクチャー」（時間軸・空間軸を広くとった視点）として「2011年3月11日以降、福島第一原発事故そのものが環境中に放出した、莫大な量の放射性物質汚染」という問題があります。

再び「原子放射線の影響に関する国連科学委員会」（UNSCEAR）が2022年に出した報告書「福島第一原子力発電所における事故による放射線被ばくのレベルと影響」から引用しましょう。

その総放出量は、ヨウ素131で100～500ペタベクレル、セシウム137で6～20ペタベクレル（同委員会2013年報告書より）。「ペタ」は1000兆です。決して外部に漏れてはならないはずだった原子炉内にあったヨウ素の2～8パーセント、セシウム1～3パーセントが環境中に放たれてしまった計算になります。

次は、福島第一原発事故が海洋に放出したセシウム137のまとめです。1つ目の表は短期、2つ目は長期に時間軸が設定されています（2つ目は既出）。ここに示されているのは「海洋」だけの量であり「陸上」は除いてあることに注意してください。

初期段階（2011年3月から4月）での海洋環境への総放出量推定値のまとめ

放射性核種	初期段階での推定放出量
福島第一原発からの直接放出	
Cs137（およびCs134）	3.5PBq~5.6PBq
I 131	9PBq~13PBq
I 129	7GBq~8GBq
Sr90	0.04PBq~1PBq
H3	0.3PBq~0.7PBq
Pu239（およびPu240）	無視できる量（バックグラウンドレベルに近似の濃度）
大気からの沈着	
Cs137（およびCs134）	5PBq~11PBq
I 131	57PBq~100PBq

海洋環境へのCs137放出の推定量のまとめ

発生源	期間	Cs137の放出量
大気からの沈着	2011年3月	5PBq~11PBq
福島第一原発からの直接放出	2011年3月~5月 2011年6月~2012年2月 2012年2月~2015年10月 2015年10月以降	3PBq~6PBq 40TBq 19TBq 0,5TBq/年
河川からの流入	数年	5PBq~10 TBq/年
浜辺の下の地下水	数年	0.6TBq/年

PBq：ペタベクレル　TBq：テラベクレル

前にも述べましたが、単位が軒並み「ペタ（1000兆）ベクレル」であることに驚きます。少なくなっても「テラ（1兆）ベクレル」単位です。同報告書は「全放出量はチェルノブイリ原発事故の5～6分の1程度」と推測しています。

読売や産経新聞が「お前もやってるじゃないか」と非難していた中国・韓国の原発のトリチウム排水はテラベクレル単位、しかも年間の値です。こちらは日本政府が安全を喧伝するトリチウムですが、前掲の表はセシウムです。

福島第一原発が海洋に注ぎ込んだ莫大な量のセシウムに比べると、中国・韓国の原発が可愛く見えてきませんか。福島第一原発事故がもたらした海洋汚染に関しては「ジャパン・アズ・ナンバーワン」なのです。

もちろん、政府や東電は周辺海域の海水をすくって計測しては、「この値なら安全」と発表します。しかし、あの莫大な放射性物質は12年を経て海底に沈んでいるのです。例えれば、味噌成分がお碗の底に沈んでしまった、冷めた味噌汁のようなもの。その上澄をすくって「おいしいすまし汁です」と言っても、それはディスインフォメーションにすぎません。だって、お椀の中にあるのは味噌汁なんですから。

福島第一原発は今もれっきとした進行中の「事故炉」であり、法律で定められた「原発

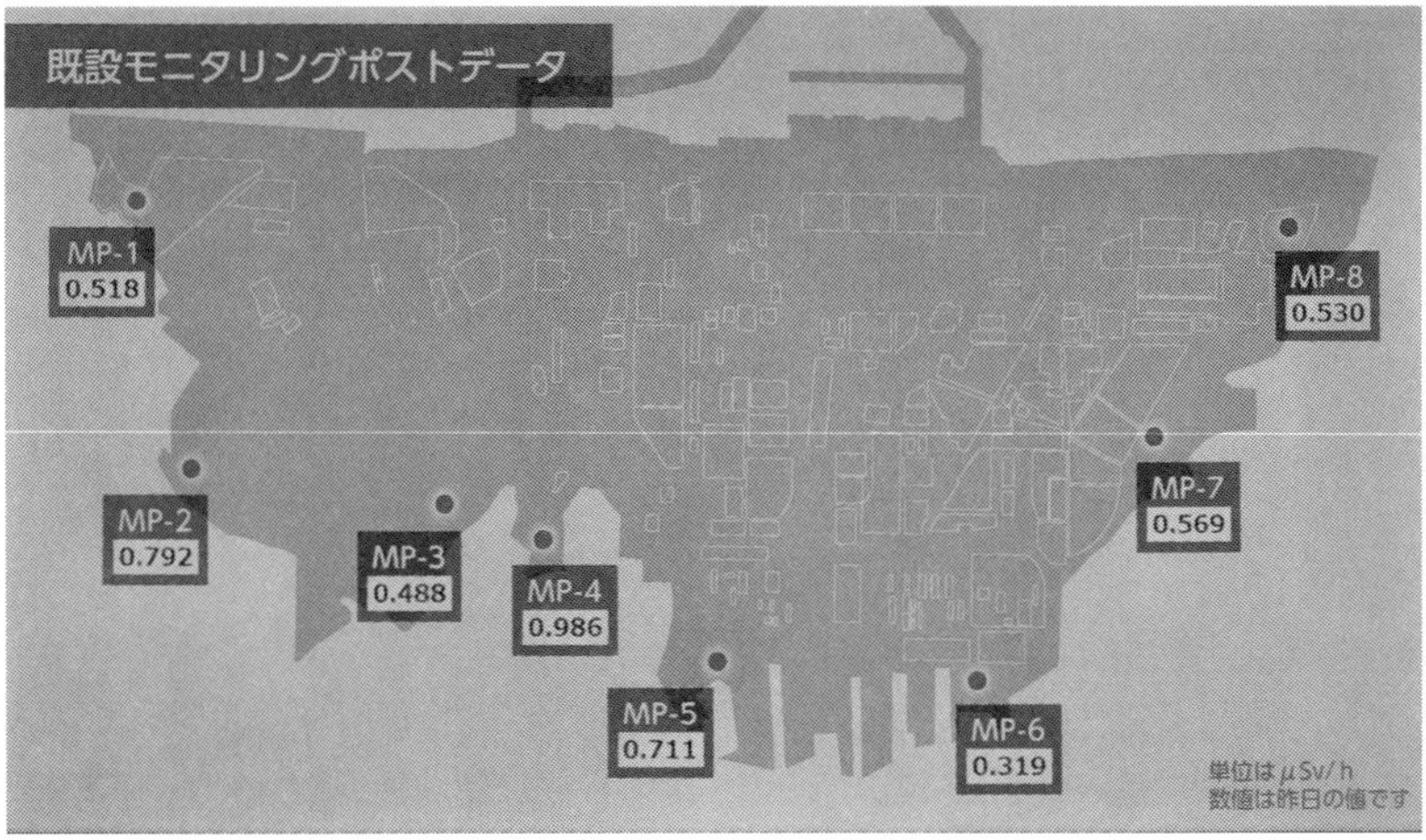

があっていい基準」を満たしていません。上の数値をご覧ください。私が2023年10月3日に東京電力・廃炉資料館（福島県富岡町）を訪ねたときに掲示してあった同原発の敷地境界の空間線量です。

平時の健全炉なら、原発敷地境界（つまり人が住む地域との境界）の線量は年間1ミリシーベルト＝毎時0・23マイクロシーベルトを超えてはならないことになっています。

ところが、上の写真。現状は毎時0・319～0・986マイクロシーベルトですから、1・4～4・3倍。まったく話にならない。事故発生から12年、原発構内の除染を重ねても、まだこんな状態なのです。つまり福島第一原発は、空間線量だけ取っても「人間が住む場所にあってはならない」という結論になります（もちろん、廃炉資料館にはそんなことは書いてありません）。

ところが日本政府がこれにどう対処したかというと、年間1ミリシーベルトだった周辺住民の被曝基準を20ミリシーベルトに引き上げてしまった。これはＩＣＲＰが原発事故や核テロを想定した「緊急時」の下限、かつすでに被曝が存在する状態での上限（年間1〜20ミリシーベルト）ギリギリです。強制避難区域の避難解除の基準も年間20ミリシーベルトに引き上げた。つまり「居住環境としては20倍悪化するのを許可する。そこに住め」と日本政府は言っています。

緊急時基準で住めというのは無茶な話だ。まるで「大きなベッドがないので、既製のベッドの長さに合わせて長身の客の足をノコギリで切る」ような話です。倒錯しすぎて頭がおかしくなりそうです。

これではよほどのことがない限り住民は戻ってこないのが当たり前です。現に、原発から半径10キロメートル内では92パーセント、20キロメートル内からは80パーセントの住民がいなくなりました。

話を海洋汚染に戻します。同報告書は、福島第一原発沿岸、海岸から最大30キロメートルの海底には38～230テラベクレルのセシウム137が堆積していると推定します。先に紹介した東海大の海底堆積物コア調査では、仙台湾から犬吠埼までの海底にたまったセシウムは総量0・2ペタベクレル＝200テラベクレルと推計していました。これだけでも、莫大な海洋汚染を福島第一原発事故がすでに起こしてしまったことがわかります。

2021年から2022年にかけて、福島第一原発から20～40キロメートル離れた海域で採れた何匹かの「クロソイ」から規制値の5～13倍のセシウムが検出されたことがあります。

クロソイは「北海道の鯛」（北海道に鯛はいないから）と呼ばれる高級魚です。岩の陰にじっと身を潜めては、餌となる小魚や甲殻類を待ち構えています。いかりや長介のような、なかなか愛らしい顔つきをしています。

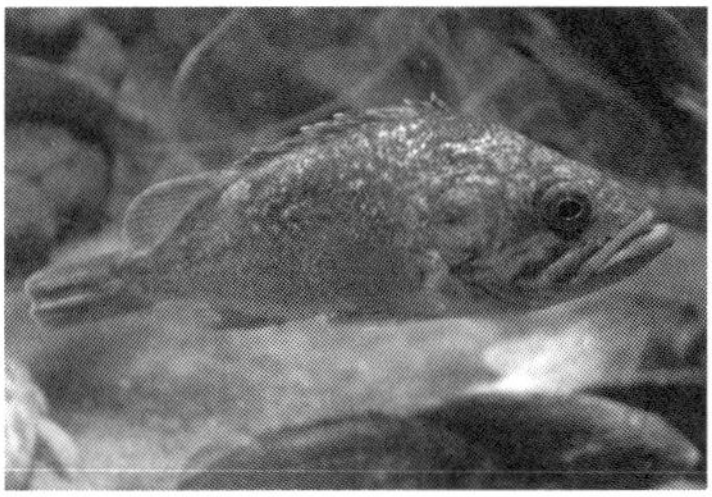
（クロソイ　出典：Wikipedia　Commons）

おかしなことに、東京電力はこのクロソイについて「福島第一原発の防波堤内にいたのが逃げ出したのだろう」という妙ちくりんな説明をしています。

確かに、同原発防波堤内の港湾部は海水が高濃度に汚染されています。そこで放射性物質をたらふく食った魚が外に出ないよう、防波堤出口にネットを張ったり、魚がいやがる音を流したりと「脱走防止」に尽力している。

いやいや、東電さん。仙台湾から犬吠埼まで、すでに海底にペタベクレルレベルのセシウムが堆積しているのですよ。そこでじっとエサを待つクロソイ君の体内にセシウムがたまっても全然不思議じゃない。むしろ当然だろうと思います。つまり生物濃縮はすでに始まっている。

心配した私は、東電にこのクロソイのことを尋ねたのは前述しました。その時に社員が「まあ、2年に1匹だけですからねえ」と軽く返したことが忘れられない。これはウソです。1匹じゃない。

そんなふうに、東電の説明は「莫大かつ広範囲の海洋汚染をすでに起こしてしまっている」「生物濃縮はもう始まっている」という事実から、何とか世論の目をそらせようとしています。そして汚染の範囲を「自分たちの前庭だけ」に矮小化しようとしている。

私はこのクロソイ君が「炭鉱の中のカナリア」（坑内が酸素不足になると、人間が気づくより先にカナリアが落ちる。かつて炭鉱労働者は坑内にカナリアの檻を持参した）ではないのかと心配しています。基準値を超えるセシウムが見つかったのは数匹ですが、捕まっていない汚染された魚はまだまだたくさんいる。捕まったクロソイ君は、自然界からの、危険を知らせる警告ではないのか。そうでないことを祈っているのですが。

ここでＡＬＰＳ水の海洋排水の話になります。

ここで述べた莫大かつ広範囲の海洋汚染という「ビッグ・ピクチャー」のなかの「スモール・ピクチャー」としてＡＬＰＳ排水はあります。これは「ＡＬＰＳ海洋排水が海洋汚染として小さい」という意味ではありません。戦略論でいえば「福島第一原発事故とその後遺症」という巨大な「戦争」のなかで、ＡＬＰＳ海洋排水は「戦闘」にあたります。それも「関ヶ原の戦い」や「ミッドウエイ海戦」のような、その後の歴史を決めてしまう重要な戦闘です。少なくとも政府・東電はそれぐらい重要視していると私は考えます。

よく思い出してください。原発事故の発生当初はＡＬＰＳもヘチマもなかった。２５００度の高熱で猛り狂う３つの原子炉を冷やすべく、冷却水がまさに洪水のように注ぎ込まれた。あの水はどこに行ったのでしょう。

そう。放射性物質をくぐったままの冷却水や地下水・雨水、気化したりチリに付着した放射性物質が、穴のあいた原子炉から、ドカドカ直接海洋に降り注いだのです。この莫大な放射性物質で汚れた太平洋を背にして、日本政府と東電がＡＬＰＳ水について「トリチウムは世界中で海洋投棄している」「飲んでも安全」とかわあわあ叫んでいる姿は本当に滑稽です。自動車に轢かれ、手足がもげて大量出血している重体患者を前に、医者が「顔の擦り傷にバンドエイドを貼ったからもう安心」と言っているようなアホらしさを私は感じます。

そのALPS水について政府がプロパガンダに必死なのは理由がある。ここには政府・東電が「ALPS水に含まれる放射性物質はトリチウムだけ」「世界中でやっている」「政府基準値以下だから安全」「希釈すれば安全」などなど、様々なディスインフォメーションを仕掛けている。これで世論を丸め込むことに成功したら、彼らにとっては大勝利です。いや、関ヶ原で豊臣側が勝つような、歴史を変える逆転劇になる。

段階的にディスインフォメーションをレベルアップしていけば「より大きな汚染」（ビッグ・ピクチャー）も正当化できる。セシウムを食わされたクロソイ君の説明に、すでにそれが現れていますね。そのままうまく運べば「確かに原発事故は起きた。が、被害はたいしたことがなかった。克服できた」という「矮小化」のシナリオに持ち込めます。日本列島の東岸海底に降り積もった莫大な放射性物質と、その人類史上最悪の海洋汚染という「不都合な現実」を世論が忘れるよう誘導できます。

それは政府・東電にとっては「たいへん好ましいウソ」なのです。

東京電力は、3か所持っていた原子力発電所のうち、福島第一原発と同第二は廃炉が決定。のこる柏崎刈羽原発もテロ対策の不備を理由に原子力規制委員会に再稼働を許してもらえません。同電力は原発事故を起こして莫大な被害を起こした「前科者」ですから「原発を運転する資格がない」と、なかなか許してもらえない。どんどん経営が苦しくなる。できるだけ原発事故を矮小化したい。世論に忘れてほしい。そんな動機が働きます。そんな理由で、これからも政府・東電のディスインフォメーションは延々と続くでしょう。私が「プロパガンダに対抗するリテラシー」獲得をひろく一般のみなさんにもお勧めする理由も、そこにあります。

「またチキンなウガヤの心配しすぎだ。考えすぎじゃないの?」

そう思いますか?

原発事故発生当初、政府・東電が展開したディスインフォメーション「燃料棒はメルトダウンしていない」「放射性物質は漏れていない」は、すべて彼らの言うのと反対、悪い方に実現するのを私は目撃してきました。

2023年10月に福島県の「廃炉資料館」を再訪したとき、私は「原発事故前の、調子こいた東電がカムバックした」と感じました。「日本の原発に甚大事故などありえない」

と高らかに喧伝していたころの東電です。

ＡＬＰＳ水に残留するセシウムやストロンチウムの資料は展示から外され、こちらが質問しない限り「残留している」とは言わない。「ＡＬＰＳ水に残留するのはトリチウムだけ」「トリチウムは飲んでも安全」「世界中でやっているから安全」へと見る人の認識を誘導するイメージ画像がこれでもかと並べられていた。

「自分に都合のいいことなら嘘や誤導でも言う。しかし都合の悪いことは隠す」

それは２０１１年3月11日以前の東京電力の姿そのものでした。

お断りしておきますが、説明をしてくれる東電の社員さんたちは、みな笑顔を絶やさず、快活かつ明朗、とても礼儀正しくて親切なのです。そのにこやかな笑顔が、前述のようなディスインフォメーションをよどみなく語る。見学者はといえば、無表情で黙って聞いているだけ。質問もしない。私がいっそう恐怖を感じたのは、そうした人々の姿でした。

【著者】
烏賀陽弘道（うがや　ひろみち）

1963年1月京都市生まれ。

1986年、京都大学経済学部を卒業し朝日新聞社に入社。名古屋本社社会部などを経て1991年からニュース週刊誌「アエラ」編集部員。

1992 ～ 94年に米国コロンビア大学国際公共政策大学院に自費留学し、軍事・安全保障論で修士号を取得。

1998 ～ 99年にアエラ記者としてニューヨークに駐在。

2003年に早期退職。

以後フリーランスの報道記者・写真家として活動している。

ALPS水・海洋排水の12のウソ

2023年　11月4日　第1版第1刷発行

著　者　烏賀陽弘道

発行者　高橋考
発　行　三和書籍

カバー写真　烏賀陽弘道

〒112-0013　東京都文京区音羽2-2-2
電話 03-5395-4630　FAX 03-5395-4632
sanwa@sanwa-co.com
https://www.sanwa-co.com

印刷／製本　中央精版印刷株式会社

ISBN978-4-86251-524-7 C0036

好評発売中

Sanwa co.,Ltd.

戦争放棄編

「帝国憲法改正審議録 戦争放棄編」抜粋（1952年）

寺島 俊穂 編

A5判／並製／400頁　本体3,500円+税

●戦後の混沌の中で、日本が最初に取り組まなければならなかったのは、敗戦で痛めつけられた日本人の心の指針を持つこと、つまり、新しい憲法を起草することだった。しかも、世界に例のない「戦争放棄」「軍備全廃」という堅い決心のもと、日本の再建をするための基本的な考え方を示すことだった。

読書バリアフリーの世界

大活字本と電子書籍の普及と活用

野口 武悟 著

A5判／並製／152頁　本体2,000円+税

●本を読みたくても読むことができない状態、つまり「本の飢餓」の問題を解消し、読書バリアフリーの世界を実現するためには、こうした「バリアフリー資料」の存在が欠かせない。本書では、読書バリアフリーの環境を整えるために取り組まれていること、そして、これから必要なことを紹介している。

海軍兵学校長の言葉

真殿 知彦 著

四六判／並製／288頁　本体2,500円+税

●明治～昭和の激動の時代に海軍兵学校で起こったことは、現代に重ね焼きされるようだ。海上自衛隊幹部候補生学校と、海上自衛隊幹部学校の両方の学校長を務めた著者が、歴代校長の言葉で歴史を振り返り、激動の時代のリーダー像に焦点を当てる。

日本の図書館事始

日本における西洋図書館の受容

新藤 透 著

46判／上製／336頁　本体3,600円+税

●日本には、誰でも自由に利用できる図書館（ライブラリー）が存在しなかった。本書は、日本人と西洋式の図書館との最初の接触が、天正遣欧使節にまで遡れることを詳らかにしている。西洋を訪れた日本人がどの図書館を見学し、その様子を伝えたのか。本書はその具体的な様相に迫る。

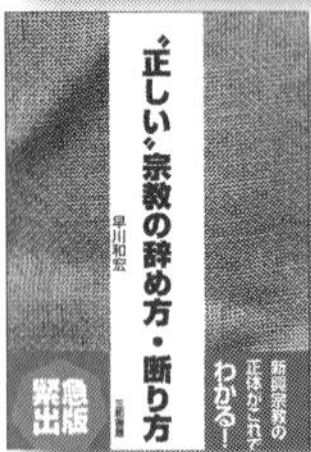

"正しい"宗教の辞め方・断り方

早川 和宏 著

四六判／並製／240頁　本体1,600円+税

●本書は、創価学会、阿含宗、天理教、旧統一協会などの「新興宗教」の信者や、その家族への取材や手紙を通じて、具体的に「新興宗教」の問題を指摘している。宗教上の悩みを持たない方にとっても、実態を知ることで、今後トラブルに巻き込まれずに済む方法を得られるだろう。